地球研叢書

生物多様性はなぜ大切か？

日高敏隆 編

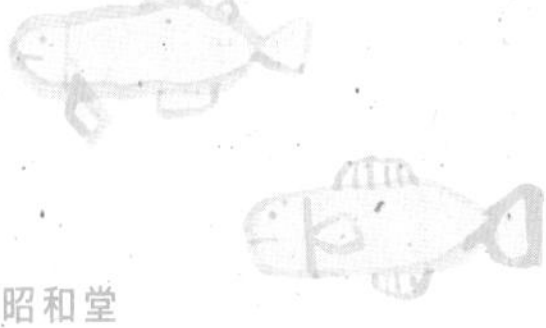

昭和堂

まえがき

生物多様性は大切だ。たいていの本にそう書いてある。

環境破壊が進んで、生物多様性が失われようとしている。これは由々しき問題だ。どの新聞にも雑誌にも、そういうことが論じられている。

たしかに、そうだとぼくも思う。

けれど、生物多様性はなぜ大切なのか？

生物多様性が失われたらなぜ問題なのか？

あらためてそう考えてみると、さて一口には答えられない。

この本は地球研（総合地球環境学研究所）が開催した第三回地球研フォーラム「もし生き物が減っていくと――生物多様性をどう考える」（二〇〇四年七月一〇日、国立京都国際会館）をもとにしてまとめたものである。

とにかく、まず「生物多様性」とは何なのか。それを整理してみる必要がある。やってみると、「生物多様性」なる言葉には、けっこういろいろな意味があって、問題のおよぶ範囲も意外に広いことがわかる。

それなら生物多様性は人間にとってどれほど必要なことなのか？　地球温暖化やゴミ問題、エネルギー問題などは人間の存亡に関わる焦眉の問題だが、生物多様性はどうなのだ？

近ごろは何かというと遺伝子とか遺伝的多様性の話になる。遺伝的多様性と生物多様性とはどういう関係にあるのか？　地球上には遺伝的に同じ人間はいないといわれるが、人間のこの遺伝的多様性と生物多様性との関係は？

そして、その人間にはじつに多様な文化がある。それは必要なことなのか？　そもそも人間の文化の多様性とは何なのか？　生物多様性の喪失が問題にされている今、人間の文化の多様性も失われつつあるといわれている。もしそうなったら、どうなるのか？

そのように考えていくと、生物多様性とは単に生物学ばかりでなく、人間の文化にまで関わる問題である。これを討論するにあたっては、生物学的存在としての「ヒト」と、文化をもつ存在としての「人間」を区別することはできない。

今日のいわゆる地球環境問題は、自然に手を加え、自然を支配して生きていこうとしてきた、そしてそれによって他の動物とは比べものにならぬ成功を収めてきた、この人間という動物の

●まえがき

この生き方――すなわち言葉のもっとも広い意味における「人間の文化」にその根源があるとする地球研の基本認識に立って、生物多様性はなぜ大切かを考えてみようとしたのがこの本である。

二〇〇五年三月

編者　日高敏隆

もくじ

●もくじ

第1章

生物多様性とはなんだろう?

中静　透

はじめに

「生物多様性」は、もともと生物学あるいは生態学の用語であったが、現在では生態学の枠をこえて重要な地球環境問題のひとつと考えられている。しかし、他の地球環境問題にくらべてわかりにくいと感じられたり、科学的な根拠の弱い問題だと思われたりしているようである。どうしてなのだろうか？　この章では、生物多様性が人間に何をもたらしているのかを一般的に解説するが、同時にこの問題が重要視されるにいたった経緯や、問題のわかりにくさがどこにあるのかを考えてみたい。

生物多様性問題とは？

■生物多様性とは？

「生物多様性」という言葉は、単純に「いろいろな生物がいること」ということであると考えてしまう人が多いだろう。一般的にはそれでいいかもしれないが、地球環境問題として考える「生物多様性」とは、それよりももっと広い意味をもつ言葉である。

考えてみると、生き物というのはその一種類だけでは生きられない。ある生き物は別の生き物を食べ、それをまた別の生き物が食べる。植物ですら共生する菌類がいる。このように、ある生き物が生きていくためには、他の生き物との関係（食う、食われる、共生するなど）が必要なのである。また、どんな種類の生き物でも一個体だけで生きてゆくことはできない。雄雌のある生き物は子孫をつくらなければ、寿命が尽きたときに絶滅してしまう。ある種の植物のように、長い寿命をもってクローンだけで生きてゆける生物でも、病気やアクシデントでその個体が失われたら絶滅する。さまざまな病気や天敵に強い同じ種類の個体と遺伝子を交換しながら種はつづいてゆく。

そのように考えると、「生物多様性」の問題は「種」だけの問題ではないことがわかる。種のなかにはいろいろな遺伝的性質（病気に強い、天敵に襲われにくいなど）をもった個体がいること（遺伝的多様性）が必要であり、その種と関係をもつ生態系（相互作用の多様性、生態系の多様性）が必要なのである。

「生物多様性（biodiversity）」はもともと「生物学的多様性（biological diversity）」という言葉の略語であり、もともとの語のほうがその実態をよく表しているかもしれない。つまり、遺伝子、種、生態系などいろいろな生物学的単位やそこで起こっているプロセスの多様性を含む言葉なのである。したがって、生物多様性の保全とは、単純にたくさんの種を守る、ということではないことを理解していただきたい。これらのことを考慮して、生物多様性条約（後述）では、生物多様性は「すべての生物の間の変異性をいうものとし、種内の多様性、種間の多様性および生態系の多様性を含む」と定義されている。この章でも、「生物多様性」という語を使うときは、さまざまな階層の生物学的プロセスを含んだ「生物学的多様性」の意味で用いることにする。

いつから問題視されるようになったのか?

生態学の分野では、生物多様性に関する研究や議論は一九六〇年代から行なわれている。そのころの生物多様性に関する議論は群集や生態系の構造を把握するという観点から、とくに種の多様性に関するものが多かった。

生態学の範囲をこえて、環境問題として生物多様性が問題になるのは、一九八〇年代になってからである。アメリカ合衆国政府（一九八〇）による「西暦二〇〇〇年の地球」という報告書のなかで、一九八〇〜二〇〇〇年に森林の伐採などによって一五〜二〇パーセントの種が絶滅するという推定や、淡水生物が水質汚染などによって高い絶滅率を蒙る可能性について述べている。これがおそらく生物多様性を地球環境問題として私たちが認識した始まりだろう。

さらに、決定的となるのは、一九九二年のリオデジャネイロ地球サミット（環境と開発に関する国連会議、ＵＮＣＥＤ）である。この会議で、温暖化防止のための気候変動枠組み条約と生物多様性条約の調印がなされ、生物多様性の保全が温暖化とならぶ重要な地球環境問題という認識ができたのである。

また、生物多様性条約の目的は、生物多様性の保全だけではない。「生物多様性の保全」に加えて、「生物多様性の持続的な利用」「生物多様性から得られる利益の衡平な分配」が三つの大きな目的なのである。生物多様性は後で述べるように、人間の生活や経済にさまざまな利益を与えている。

生物多様性のもたらす利益として、経済効果のもっとも大きいと考えられたもののひとつに、医薬品がある。熱帯の多様な生物のなかから有用な化学成分がたくさん見つかると期待されている。しかし、熱帯の多くは開発途上国にあり、この「生物多様性資源」を開発できない。自分の国の資源なのに、先進国に開発されて利益を得ることができない、という状況が現実に生じたのである。生物多様性条約によってこの不公平が是正される、という点は途上国の政府機関に生物多様性の重要性を認識させることになった。自国の自然を失うことが、こうした資源を失うことでもあるという意識もめばえた。だが、なかにはかなり敏感に反応したケースもあり、自国の生物調査やサンプルの持ち出しを禁止した国もある。

この条約の締約国は、生物多様性の保全と持続的利用に関する国家戦略を定めることが決められており、日本でも一九九五年に最初の戦略がまとめられ、二〇〇二年に改定されている。ともかく、生物多様性条約によって、生物多様性が重要な問題であることが、その保全や利用だけでなく、経済的、政治的な方向も含めて飛躍的に広まったのである。

生物多様性は減っているのか？

■地質時代にも大量絶滅は起こっていた

生物多様性の減少は、地域的（ローカル）な、あるいは地球規模（グローバル）に起こる種の絶滅によって進む。大量の種の絶滅が現在起こっており、それが重大な地球環境問題だといわれている。しかし、化石種をみればわかるように、地球の長い歴史のなかで、つねに新しい種が生まれている一方で、すべての生物種はいずれも絶滅してきた。しかも、大量の絶滅は過去の地質時代にも起こっていた。現在起こっている種の絶滅がなぜ問題なのだろうか？

地質時代の大量絶滅は過去五回起こったといわれている（図1）。そのうち、もっとも大きな絶滅が起こったのは古生代から中生代に変わる約二億五〇〇〇万年前で、このときには、それまでに生育していた生物種の九〇パーセント以上が絶滅したと推定されている。この大量絶滅

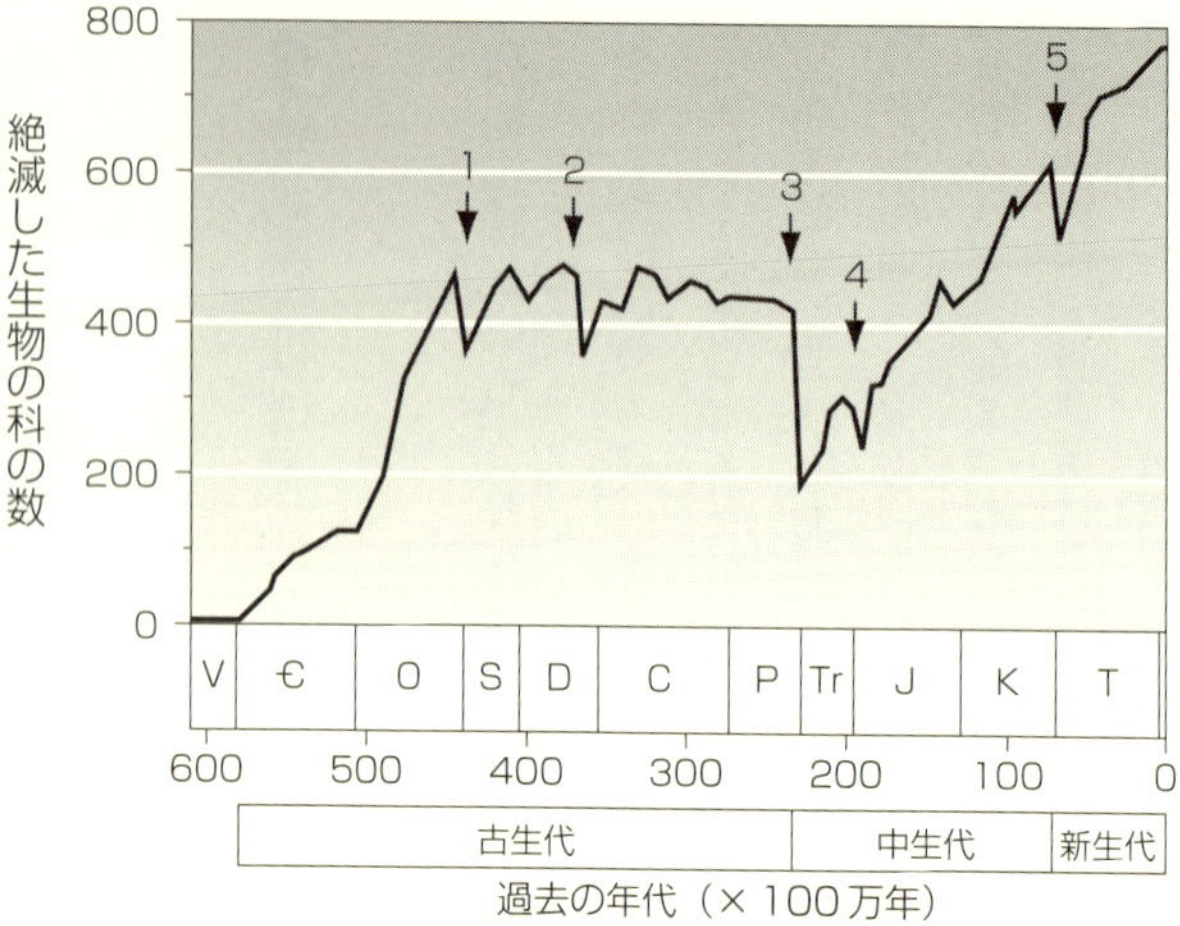

図１　地質年代における生物の科数の変化

（出典）May et al. 1995.

（注）数字のついた矢印は大絶滅の起こった時を示す。

は、火山の大噴火が原因と考えられており、太陽光がさえぎられることで植物の光合成能力が落ち、海が無酸素状態になったといわれている。恐竜の絶滅で知られる約六五〇〇万年前の大量絶滅では、約五〇パーセントの生物の属が絶滅したと推定されている。その原因は、巨大隕石が地球に衝突したからだという説が近年提出され、注目を集めている。他の三回の大量絶滅でも、それまで生育していた生物の科の二〇パーセント前後が絶滅したと推定されており、やはり火山の噴火や気候変化が原因だと考えられている。

■地質時代の絶滅と現在は何がちがうのか？

では、現在起こっている種の絶滅と地質時代の絶滅とは、どこがちがっているのだろうか？その答えは、絶滅のスピードと原因である。まず、現在起こっている種の絶滅は、地質時代の絶滅よりきわめて速いスピードで起こっている。恐竜の絶滅が起こった中生代末期でも、絶滅のスピードは一〇〇〇年に一種くらいと推定されているのに対して、西暦一六〇〇～一九〇〇年の間に記録された絶滅のスピードは、平均で四年に一種であった。さらに、近年は絶滅スピードが速くなっていて、一説では、一年に数万種が絶滅しているとする推定もある。ただし、すでに述べたように、過去の絶滅は化石として発見された種からの推定であること、情報が海の生物に偏っていること、また、現在起こっている絶滅スピードの推定にもたくさんの仮定が含まれていることなどから、実際にはこんなに大きなちがいではないのではないか、という議論もある。

しかし、仮に恐竜が絶滅した場合と同程度の絶滅スピードと仮定しても、地球の歴史のなかでは、きわめて重大な絶滅が起こっていると認識できるはずである。

さらに、問題は現在の絶滅を引き起こしている原因である。現代の絶滅の主要な原因は、①生息地の減少と劣化、②温暖化や汚染など環境の変化、③進入生物によるかく乱、④乱獲などであり、これらはすべて人間が引き起こしたことなのである。

自然の要因による絶滅とちがい、人間活動によって人間に利用しやすいものが不自然に選択されたり、経済価値の低いものが絶滅したりする。また、自然の変化ならば生物が適応したり進化したりする時間的余裕があるが、人間起源の環境変化はそのスピードが速すぎて、新しい性質が現れたり、それが淘汰を受けて進化したり、他の生物と新たな関係（共生や食物網などの生物間相互作用）を結ぶ前に絶滅してしまうことになる場合が多いだろう。

■生物多様性減少の原因

人間が生物を絶滅させた歴史をみると、初期には陸上の大型動物の狩猟が大きな原因であった。旧石器時代の人類がオーストラリアや北アメリカに進出したあと、大型哺乳類や大型の飛べない鳥の種数が急速に減少することが化石の解析によって明らかになっている。

現在でも、このような過剰な狩猟や生物資源の乱獲は、種の絶滅の大きな原因のひとつであるが、もっとも重要な原因は生息地の消失であると考えられている。たとえば、森林が急速に失われることによって、そこを生息場所とする生物が減少する。生物の分類群によっても異なるが、森林の面積が七〜一〇〇倍になると、そこに生息する生物の種数は二倍になるといわれている。仮に、ある森林生の生物では森林面積が一〇倍になると種数が二倍になるとすると、逆に森林面積が一〇分の一になると、半分の種が絶滅してしまう、ということになる。現在起こっている種の絶滅は、このような種数と生息域面積の関係を利用してそのスピードが推定されている。

日本では、この一〇〇年くらいの間に森林面積そのものはあまり減少していない。しかし、スギやヒノキなどの単純な一斉林が約半分まで増加し、種の多様性の高いもともとの森林が減少してしまった。したがって、この期間にも生息地がなくなることによって絶滅した種は多いはずである。

なぜ生物多様性が大切なのか？

生物多様性の価値

地球環境問題のなかでも、温暖化や大気汚染などにくらべて、生物多様性の問題はわかりにくいと思われている。温暖化で気温が上がると、北極や南極の氷が解けて海水面が上がるとか、大気汚染によって人間の健康が損なわれるというような、明確な影響に対して、生物多様性が失われるとどうなるのか？　という問題に関しては、影響がよくわからなかったり、人によって見解の相違があったり、必ずしも重要な問題と感じてもらえていない場合がある。たしかに、人間が食べているものは、すべてといってよいほど生物であるし、木材や薬などの生物資源をたくさん利用している。しかし、地球上のすべての生物種が人間の役に立っているのか？　あるいは、生物多様性の高いことが、ほんとうに良いことなのか？　と問われたとき、はたして誰もが納得する明確な答えがあるのだろうか？

■生態系サービス

生物多様性の価値を考えるためには「生態系サービス」という考え方が大切である。「生態系サービス（ecosystem service）」とは、生態系の働き（機能）のなかで人間に利益をもたらすものをさすが、このなかには、さまざまなものが含まれている。生態系は生物によって動かされ、その機能やサービスが発揮されるものであるから、生態系で生物が多様であることによって、その機能やサービスがどのように変化するのかを考えれば、生物多様性が人間にもたらす利益が明らかになるはずである。

人間活動を含んだ生態系の健全さを評価する国際的なプロジェクトであるミレニアム生態系アセスメント（http://www.millenniumassessment.org/en/about.slideshow.aspx）によれば、生態系サービスは、①生態系が提供する物質、②生態系プロセスを調節することによってもたらされる利

物質の提供
生態系が
生産するモノ

食糧
水
燃料
繊維
化学物質
遺伝資源

調節的サービス
生態系のプロセス
の制御により
得られる利益

気候の制御
病気の制御
洪水の制御
無毒化

文化的サービス
生態系から
得られる
非物質的利益

精神性
リクリエーション
美的な利益
発想
教育
共同体としての利益
象徴性

基盤的サービス
他の生態系サービスの基盤となるサービス
土壌形成
栄養塩循環
一次生産

図２　生態系サービスの種類と分類

（出典）http://www.millenniumassessment.org/en/about.slideshow.aspx
（注）斜体は生物多様性がとくに重要な関係をもつサービス。

益、③文化的な利益、さらに④それらのサービスを支える基礎としての生態系機能、の四つに分類される（図２）。これらは、現時点で経済的価値として認識されているものも、認識されていないものも含んでいるし、経済的価値だけが人間にとっての利益ではないかもしれない。また、生態系としてのサービスではあるが、生物多様性が高いことがとくに必要、あるいは重要でないサービスもある。

最近は、これまで経済的に評価されてこなかった生態系の働きを経済的に評価しようとする学問（環境経済学）も、さかんになってきている。環境経済学の立場からは生態系を含む自然資本がもたらす物質や機能およびサービスに関する分類もある

(Chiesura et al. 2003)。これによれば、①生態系などを調節する機能、②生息地を保つ機能、③物質を生産する機能、④情報をもたらす機能、の四つに分類されている。

また、生物多様性の価値を、①直接的利用価値、②間接的利用価値、③倫理的価値に分類して重要性を論じる見方もある(市野　一九九八)。直接的利用価値とは、経済的に取り引きされる生物資源をさし、間接的利用価値とは直接的取引なしに利益をもたらしている資源あるいは機能である。倫理的価値とは、経済的な物差しでは計れない価値を広く含んでいる。

これらは、ミレニアム生態系アセスメントの分類と少し異なるものの、細部の分類では両者ともに生物や生態系が人間にもたらす利益を同じようにリストアップしている。ここでは、私がもっともわかりやすいと感じているミレニアム生態系アセスメントの分類にしたがって話を進めよう。

生物多様性がとくに重要な役割をはたす生態系サービス

■生態系がもたらす物質

生態系がもたらす物質的サービスのなかには、水や食物、燃料、木材、薬品など人間生活にとって重要な資源が含まれている。これらは、これまでも経済的に取引が行なわれており、経済的な評価も可能なものが多い。なかには、香木のように熱帯の原生林のなかに稀に見つかるために珍重されて高い経済価値をもち、地域の住民の生活に大きな経済的貢献をしているような産物もある。

このほかキノコや特定の薬用植物など木材以外の林産物は、ときには重要な収入源となって経済的な評価も可能であるが、地域の住民の間だけで貨幣を介在せずに価値をもつ生物資源もある。このような場合には経済的な評価はむずかしいものの、その価値はある程度評価可能である。

現時点では発見されていない有用な資源が、生態系のなかに埋もれている可能性もある。医薬品などはその代表であり、熱帯の膨大な種数の植物のなかには、難病といわれるような病気の特効成分をもつ樹木があるかもしれない。あるいは、土壌のなかから非常に有効な抗生物質をつくる菌が見つかるかもしれない。

これらは、生物多様性がとくに重要な意味をもつサービスと考えることができそうである。このような生物が絶滅することは、将来それらが資源として開発される可能性を失うことでもあり、評価できない将来の価値を残しておくためにも生物多様性が必要である、という論理はよく用いられる。たしかに、生態系からもたらされる生物資源は多いし、その意味では生物多様性は重要である。しかし、生態系のなかには、資源として重要とはいえない生物も多い。食料として重要な生物は、一〇〇〇種類くらいもあればよいのではないか？　樹木であれば燃料になるのだから、多様な種は必要ではないのではないか？　たしかに森林生態系は水を涵養するといわれるが、種の多様な森林でないと出てくる水の量が減ったり、水質が悪くなったりするのか？

このような問いに対して、生態系を構成する生物が多様ならば、こうした資源を多量に生産できるのではないかという仮説がある。じつは、最近一〇年くらいで、こうした問いに答えようとする実験的研究が多数現れ、生態学のなかでも大きなエポックとなっている。これらの研究は、人為的に生物の多様性をコントロールして、その影響を評価するという目的で行なわれるため、実験のしやすい草原や水槽のなかで行なわれている。たとえば、一メートル四方の方形枠をたくさん作って、そのなかに植える草の種数を変える。一種類だけを植えるものから、用意した種類のなかからランダムに選んだ数種を植えたり、用意した一〇〜二〇種類の草を全種植えたりするものまで、作っておく。それらを一定期間育てたあと、草を刈り取り、重さを量る。多様性は草の重さとどんな関係にあるのか？

ある実験によれば、草の種数が増えると草の重さも重くなった（図3）。つまり、植物の多様性が草原の現存量（ある時点で存在する生物体の量）や生産力（一定期間に生産した生物体の量）を

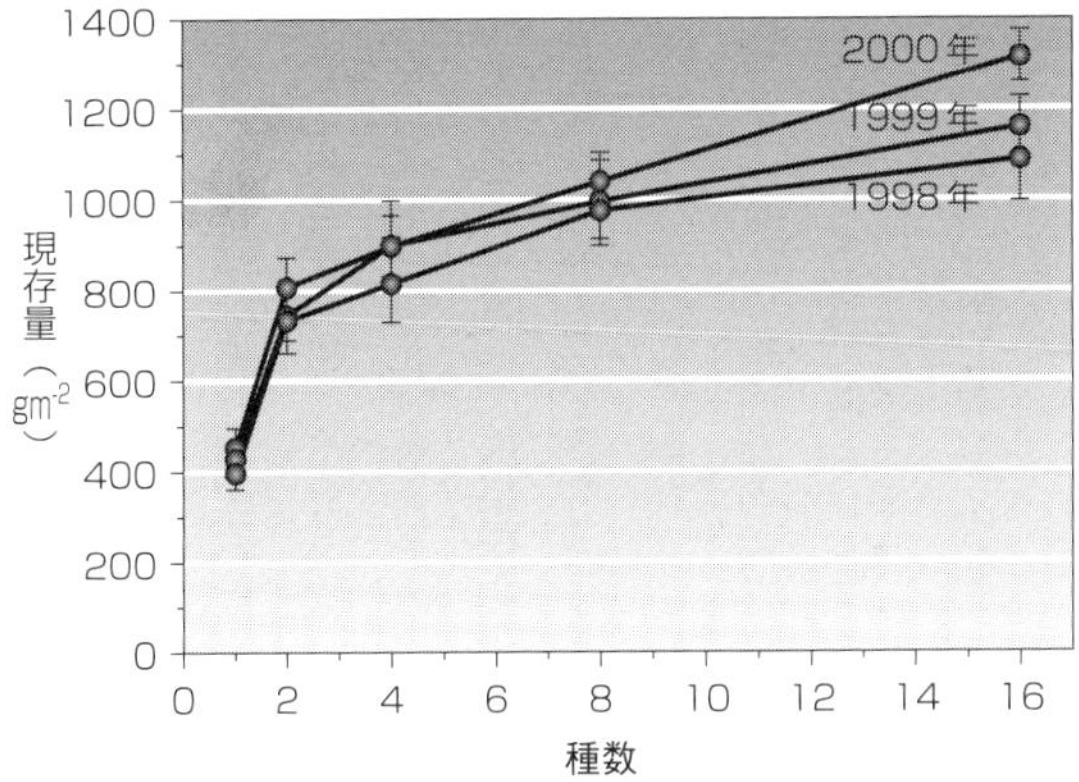

図３　植物の多様性と現存量

（出典）Tilman et al. 2002: 27.
（注）草地で植える植物の種数を変えて生育期間終了後に重量を測定したもの。図中の年代は実験した年。

高めた、と解釈できるのである。このことは、たとえば、ある草は背が高くなるのに対して、ある草は横に広がるなどの形のちがいがあって、一緒に生えていると光を上手に利用できる（利用効率があがる）というようなことが原因と考えるとわかりやすい。

この結果がいろいろな生物資源についてもいえるとすれば、生物多様性は資源の生産力を高めることになるのではないか、といえそうである。しかし、これらの実験は一～二〇種類という比較的種類数の少ない範囲で多様性の効果を比較して生産力との関係を論じているのであって、さらにたくさんの種類が加わった場合でも同じような効果が期待できるのか、という疑問がある。熱帯林のように一ヘクタールに二〇〇種もの樹木が生育する生態系で、そのすべてを保全しなければ高い生産力を維持できないか、というと、おそらくそうではないだろう。新たに一種が生態系に加わることで増加する生産力は、種数が増えていくにつれて小さくなり、せいぜい数十種で飽和してしまうと考えられるからである。

また、遺伝子資源は生態系の物質的供給のなかでも、生物多様性と深くかかわる部分である。現在、人間が栽培している農作物や家畜、林木などは、これまで人間がいろいろな品種改良をすることで、生産性を高めたり、味を良くしたりした生物である。ムギやコメを新しい場所に植えるときには、その場所の気候にあう性質をもった品種を改良してきた。ある種の害虫や病気が発生して生産が脅かされるような状況になったときには、その病気に強い遺伝的性質をもった品種を作り出してきた。いろいろな遺伝子を保存しておけば、このような品種改良が可能であるが、野生の集団などからこのような遺伝的多様性を得ることができなければ、それができなくなる（第五章参照）。

■生態系プロセスの調節

調節的サービスには、これまであまり経済的な評価を受けていないものが多い。たとえば、森林があることで気候を緩和する、洪水が起こりにくくなる、健全な河川では流れるうちに水が浄化されるというような効果は、一般的に知られてはいるものの、これに対して経済的な評価をする、というようなことは最近まで行なわれなかった。

最近、このような生態系の機能を経済的にも評価しようという動きが多くなった。森林が洪水を防ぐとしたら、それはどのくらいのダムを作ることに相当するのか？　汚れた水を飲料水にできるくらい、きれいな水に戻すには、どれくらいコストがかかるのか？　といった計算である。これらの計算にはいろいろな仮定が必要であり、その仮定の妥当性や計算の方法にも問題点があって、出てきた数字にはいろいろな議論がある。

最近話題になっている水源税や環境税は、このような生態系サービスが損なわれ、それを補償するコストを生み出そうとする試みと、とらえることができる。また、炭素の排出権取引は、森林が二酸化炭素を吸収し、温暖化を抑制するという調節的なサービスを経済システムに組み込もうということでもある。

しかし、問題はこのような調節的サービスに生物多様性がどのような役割を果たすか、ということである。単に森林があると気候の調節や洪水の制御がうまくゆくか、ということではなくて、生態系を構成する生物多様性が高いとこのような機能が高くなるのか、という問いがここでは重要である。

先に草原の実験例で述べたように、生物多様性が高いと生態系の現存量や生産量が高いとい

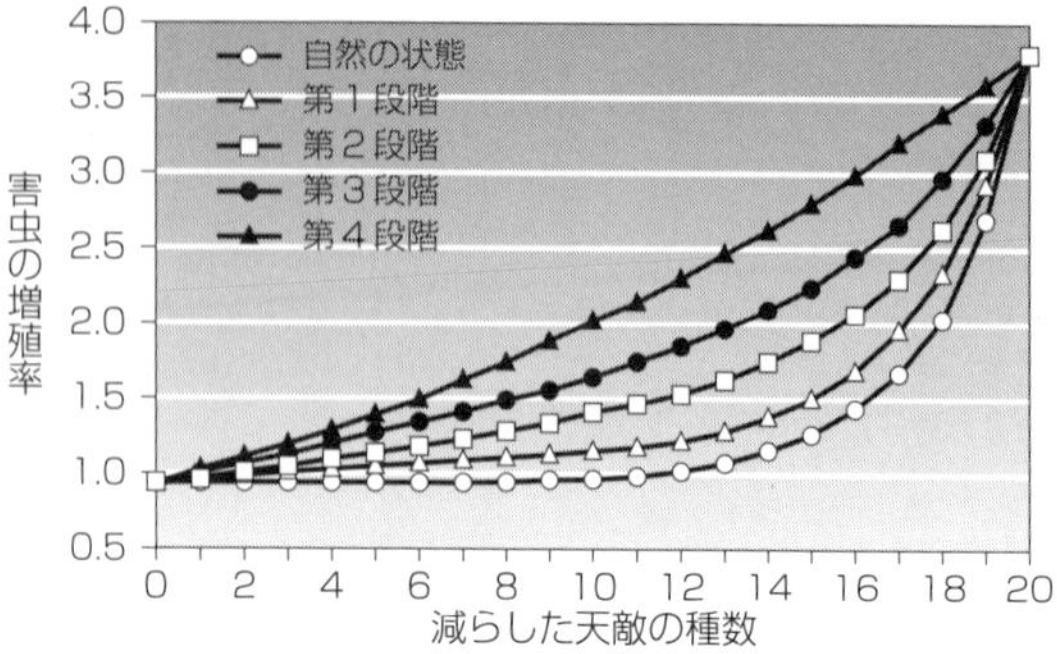

図４　天敵の多様性と害虫の増殖率

（出典）Wiby & Thomas 2002: 357.

（注）20種の天敵を想定して、その数を減らしていったときの害虫の増殖率を示す。天敵の数を減らすと害虫の増殖率が高くなる。害虫の発育段階のうち特定の段階だけに天敵として影響する場合から、4つの生活史段階までまたがる場合まで変化させて増殖率をみたモデル。

うことがもしあるなら、二酸化炭素の吸収速度も大きくなるだろうし、大雨のときに一時的に水を貯めておく機能も高いかもしれない。しかし、この場合にも、すでに述べたような膨大な生物多様性が必要な理由としては弱いだろう。

病気や害虫の制御は生物多様性がもつ重要な調節的サービスである。害虫や病気は同じ種の生物や均質な遺伝的性質をもつ生物の大集団で大発生しやすい。また、天敵の種数が多いと害虫の増殖率が下がる、というような研究もある（図４）。

栽培や収穫の効率化や経済的な理由で、同じ作物を大面積で栽培したり家畜を多数飼育したりするということは、生物多様性を著しく低下させることであり、害虫や病気を発生させやすくすることになる。そのために、化学薬品などを使って病気や害虫を管理することになるが、そのことが逆に天敵を減少させる場合もある。また、化学薬品が作物や家畜に残ったり、人間にも有害な病気を発生させたりするなど、生産された食物の安全性にも重大な影響をもつ場合がある。こうしたことが、じつは生物多様性の問題なのである（第五章参照）。

いろいろな作物をモザイク状に栽培すると、特定の作物種の害虫にとっては、となりの畑までの距離が遠くなることになり、大発生が起こりにくくなるといわれている。したがって、たとえば同じ樹木の植林と植林の間に帯状の自然林を入れるような方法によって、害虫の発生を抑制できるのではないか、と考えられている。その意味では、種や遺伝的な多様性だけでなく、生態系の多様性が病害虫の発生に影響することもあるだろう。

最近は外来種が増え、在来種を絶滅の危機に追いやったり、生態系そのものを変化させたりする、というような例が知られるようになった。このような外来生物に対する生態系の反応に関しても実験的な研究があり、生物多様性の高い生態系には外部からの種が侵入しにくいというデータもある（図５）。感覚的には、生物多様性が高く、生態系における食物網や環境条件のなかで存在場所（生態的ニッチ）がきっちりとふさがっているようなときには新しい種が侵入しにくい、と考えればわかりやすいかもしれない。

また、自然の生態系には自己維持機能があり、これに対して生物多様性が重要な役割を果た

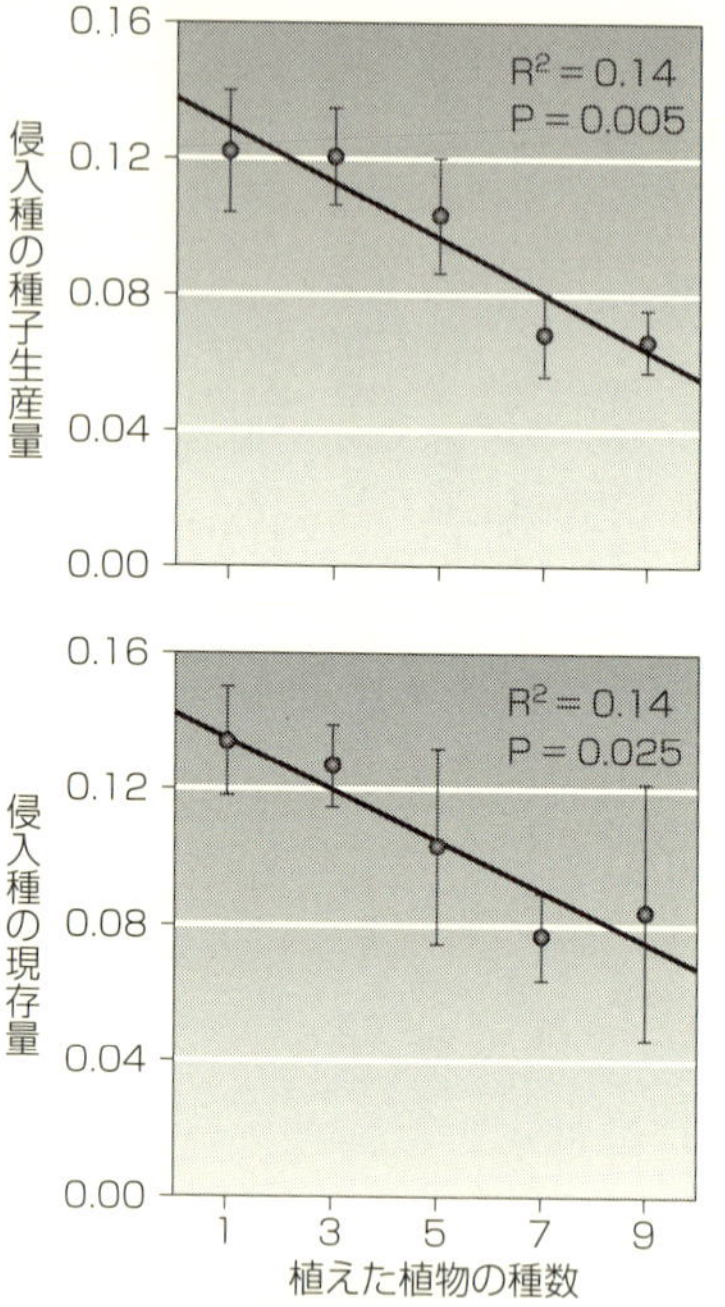

図５　植物の多様性と新たな種の侵入しやすさ

（出典）Levine et al. 2002: 123.

（注）草地に植える植物の種数を変え、そこにヌカボの一種を侵入させてその生育状況をみたもの。あらかじめ植えた植物の種数が多いと新たに侵入した種の現存量や種子生産量が小さくなる。

していることが多い。たとえば、ある種の植物は花粉を昆虫に運んでもらったり、種子を鳥に運んでもらったりしている。また、植物が栄養を得るためにある種の菌類と共生していることも明らかになってきた。

生態系が維持されていくためには、このような共生関係も保たれなくてはならない。花粉を運ぶ昆虫が絶滅してしまえば、たとえ植物にとってよい環境が保全できても、生態系は長続きしない。生態系の自己維持機能、したがって生態系サービスを利用する側からいうと「持続性」

ということになるが、それには生物多様性が必須の条件なのである。

生態系や生物生産システムの安定性にも生物多様性が関係しているといわれている。たとえば、農作物を毎年生産していると、年によって気象条件が異なり、乾燥している年もあれば、雨の多い年もある。一種類だけの作物、あるいは同じ作物でも一品種だけを栽培していると、極端な旱魃が起きたときには収穫量が大きく減少するだろう。ところが、複数の種類や品種を栽培していれば、旱魃が起こっても収穫量の減少は小さくなる。これは、予期しない出来事に対して保険をかける考え方と似ている。雨の降り方だけを考えると、旱魃に強い品種と弱い品種と二種だけでいいのかもしれないが、温度に関しても、日射量に関しても、同じように保険をかける、ということになると、多様な種が必要になる。

作物に関しては、そのような栽培方法をすることが必ずしも現実的ではないかもしれないが、自然の生態系では、そのような気候条件の変動に対しても維持できるようなしくみが備わっている。だからこそ、花粉分析などでみるように、数千年も同じような森林や植生が継続できているのだ。極端に乾燥した年には、旱魃に弱い種や遺伝的系統は絶滅して、生き残った生物とそれらから進化した生物で生態系が構成される。長い歴史のなかでは、生態系はそうした出来事を何度も経験し、その結果として現在の生態系ができている。実際に、草原生態系の実験では、種の多様性が高いと現存量の時間的変動が小さくなるという結果も得られている。

台風や山火事などのかく乱に対しても生物多様性が生態系の安定性や回復力に関係している。森林が一種類だけの樹木で構成されている場合には、台風や山火事によって森林が壊滅的な被害を受ける可能性があるが、多種の樹木で構成されている場合には、強風にも耐える樹木があったり、燃えにくい樹木があったりすることによって、かく乱に対する耐性（抵抗力、レジスタンス）をもつし、かく乱の拡大を防ぐ効果もある。また、かく乱を受けたあとでも、かく乱のあとにすぐに生えてきたり、成長が早かったりする樹木が生態系のなかに存在することで回復力（復元力、レジリアンス）ももつことになる。このように、生物多様性の高い生態系は、病害虫やかく乱に対するレジスタンスやレジリアンス、共生関係による自己維持機能などをもっており、このことが生態系の持続性に関係している。人間の立場から考えると、多様性が低いと生態系サービスも持続的に利用できない、ということが起こりうる。

地域の人間社会の持続性も、生物多様性に依存している面があるといわれている（Folke et al. 1998）。地域社会は、それぞれの地域の生物を資源として利用しているが、利用している資源が多様であれば、かく乱や気候条件の変動などが人間生活に与えるダメージの影響が少なくなるし、かく乱後のレジリアンスも高くなる。地域の伝統的な資源利用やそれを管理する伝統的知識のなかには、こうした変動やかく乱を利用したり危機を乗りきったりする知恵がたくさん含まれている、といわれている（第四章参照）。地域社会の消失プロセスも種の絶滅に似て、存続の危機に対応できなかったものが消失し、何らかの対応ができた社会は生き延びると同時に、そのときの対応を教訓にして安定性を増す。長期間持続してきた社会は、長い歴史のなかでかく乱や不測の出来事に対応するメカニズムをもっているのである。

生物多様性がもたらす文化

文化的サービスには、個人や集団の価値観に関係するものが含まれており、経済的な評価がむずかしいものが多い。一方、ほかのサービスよりも生物多様性に深くかかわるものが多い。私たちの文化は、数多くの要素を生物多様性の存在に依存している。日本の八百万の神にみるように、多くの土着の宗教は生物や生態系と関係しているし、いくつかの生物は民族や地域の象徴になっている。日本の各県はそれぞれ、県の木や花をその県の象徴に使っており、それらはその地域に特有あるいは特徴的な植物が選ばれている。

地域には独特の模様やデザインがある。たとえば、日本の伝統色の名前には生物の名前がたくさん使われている。長崎盛輝氏の『日本の傳統色』という本から色の名前を拾ってみると、二二五色のうち、八三色が樹木に、一二〇色が植物に、一四六色がこれらを含む生物にちなんだ名前をもっている。生物の名前以外を使ってこれらを表現していたら、日本の文化はまったくちがうものになっていたにちがいない。また、日本には日本独特の模様があり、それにはた

表1　地域社会の持続性・復元力に貢献する社会生態的メカニズム

生態的知識にもとづく管理
　モニタリング・収穫の制限・資源利用のローテーション
　特定の生物・特定の発達段階・生育環境の保護
　多種を総合的に保全・再生可能な資源をたいせつに
　いろいろな空間スケールでパッチ状の土地利用
　かく乱への対応・生態遷移の利用

管理の背景にある社会的メカニズム
　生態的知識を伝達させるしくみ（口伝など）
　社会制度（タブー、聖域など）
　文化としてとりこむ（儀式、伝統など）
　世界観（上下関係、モノの分配など）

（出典）Folke et al. 1998.

くさんの生物がモチーフに使われている。おなじように東南アジアのいろいろな民族にもその固有の生物に由来する民族独特のデザインがあり、衣装や装飾に使われている。それらをみると、私たちはどの民族のものかを認識することができるし、当事者たちも、みずからの出自を確認できる。いわば、集団のアイデンティティを感じている場合もあるだろう。

また、地域の伝統的知識と象徴性や宗教性がむすびつき、それが地域社会の持続性に貢献している場合がある。長期間持続してきた地域社会では、宗教儀礼やタブー、言い伝えなどのかたちで、生物資源を持続的に使う方法が制度的なしくみとして生きている（表1）。資源利用の多様性が地域社会のレジリアンスを高めるのと同様に、このような社会生態学的メカニズムのなかで生物多様性は重要な役割を果たしてきたといえるだろう。

リクリエーションやアメニティにも生物多様性が重要な役割を果たしている。私たちは季節に応じて咲き分ける多様な色と形の花を鑑賞する。もし、その種類が少なければ、いろいろな状況や感情に応じた楽しみ方や癒され方はむずかしい。最近各地でさかんになっているエコツーリズムは、このような地域固有の生物多様性がもつリクリエーション機能や教育的効果を経済システムのなかに組み込んだものともいえる。エコツーリズムは、その地域の自然や生物相が独特であることによって成立する。どこに行っても見られるものばかりでは成り立たない。

生物多様性が提供する生態系サービスの特徴

以上のように、生態系サービスのなかでも、とくに生物多様性の提供するものに限ると、いくつかの特徴がある。

まず、物質的サービスや調節的サービスのなかには、必ずしも生物多様性が重要な役割をもたないものがある。たとえば、生産性や気候の調節などは、生物多様性の低い生態系で代替したとしても、それなりの効果が期待できる場合がある。二酸化炭素の吸収を目的とした森林を造成する場合には、成長の早い樹木を植林したほうが効率的であると考えられているが、それは必ずしも生物多様性の高い森林を意味しない。

たしかに、草原の実験にみるような結果が森林でも得られるなら、一種類だけの森林をつくるよりは、二〇種程度の森林をつくったほうが生産力も高いかもしれないが、熱帯林のような数百種の森林をつくったところで、どれだけ生産性を高められるか、そのために生物多様性が必要かと問われたら、多様な種の必要性を強調することはできないだろう。

このように、特定の生態系サービスの発揮を優先させると生物多様性の保全と矛盾する場合も出てくるのである。物質的サービスのなかでは、遺伝子資源の供給や、化学物質の提供が生物多様性ともっとも関係しているし、調節的サービスのなかでは、病害虫の制御や、生態系の持続性にかかわる部分が重要である。こうしたサービスは普遍的な価値をもち、多くの人がその必要性を納得できる。また、地域性はあまり関係しない。生物多様性の低い生態系をつくると、どんなことが起きるのか？　という問いに対しての答えということができるだろう。

一方、生物多様性が提供する文化的サービスは、きわめて地域性の強いものであることがわかる。また、その価値の評価も地域的である。ある地域では非常に価値の高いものでも、ほかの地域ではあまり評価されない場合がある。こうした地域性の高いサービスには、地域に特有な生物のセット（生物相）が重要な意味をもつ。ほかの場所と同じ生物相では意味がない。物質的サービスや調節的サービスを考えると、生態系を構成する生物多様性が重要であるが、文化的サービスには生物多様性のもつ地域固有性が重要なのである。

したがって、絶滅危惧種や地域固有種の保全が必要な理由としては、このような文化的サービスの価値が大きいといえるだろう。同じように生物多様性の保全の必要性をいう場合でも、生態系のなかでの生物多様性の重要性と、固有種や絶滅危惧種の重要性を論ずる場合では、その主たる理由が異なっていると思う。

なぜ生物多様性問題はむずかしいのか？

生物多様性問題のむずかしさ

「生物多様性の研究をしている」というと、よく「なぜ生物多様性を守らなくてはならないのか？」と尋ねられる。これは、じつはとても答えにくい問いである。たしかに、ほかの地球環境問題とくらべるとむずかしい。温暖化なら海面が上昇するとか現在の作物が作れなくなる、といったはっきりした影響を示すことができるのだが、生物多様性となると、ここまで書いてきたようなことをいろいろと説明することになる。それでも、なかなか納得してもらえないことが多い。納得してもらえる場合でも、人によって納得する点が異なっている。

個人的には、一般の人に訊かれた場合には、文化的サービスを強調した答え方をすると納得してもらえる場合が多いが、地球環境問題にかかわる研究者に尋ねられると、物質的あるいは調節的サービスを強調した答えのほうが説得力をもつように思う。

なぜ、むずかしいかということを考えてみると、そこにこそ、生物多様性問題の本質があるのではないか、ということに気づく。むずかしい理由は、おそらく、①生物多様性消失の影響が不確実で予測がむずかしいこと、②多面的な影響があり、その評価と価値判断も多様であること、③膨大な多様性が必要であることの説明がむずかしいこと、④グローバルな問題なのか地域の問題なのかがむずかしい、という四つの点に整理できるのではないだろうか。

■不確実性と予測のむずかしさ

生態系はそれを構成する多様な生物の相互作用によってその機能やサービスが発揮される。それらは、いくつものフィードバック・システムを含んでいるため、わずかな条件のちがいが異なった結果を生んだり、確率的に起こったり起こらなかったりするために、予測がむずかしい。

生物多様性の効果を検証する実験においても、生物多様性が高いとその生態系の生産力が必ず高くなるかというと、そうではなく、確率八〇パーセントで起こる、というような形でしか予測できないのである。多様性が生産性や侵入種の入りやすさなど、いろいろな機能におよぼす影響を検証した例を整理してみても、どの実験例でも必ず効果が見られるわけではない。ある実験例では効果があるし、ほかでは見られない。効果があるといっても、確率的な効果しか予測できない現象なのである。

個々の種の変化については、さらに複雑である。生物Ａの天敵Ｂがいなくなると、Ａが増加する場合もあれば、Ａの別な天敵Ｃが増加する場合もあるだろう。こうした予測性の低さは、メカニズムがわからないために起こるのではなく、カオス現象のようにメカニズムがわかっていても決定論的に予測できない現象だったり、もともと確率的なプロセスをもっている現象だったりするのである。

こういう点に関する認識がまだ、科学者のなかにも足りないのではないかと思う。もちろん、予測できない現象が、まだメカニズムが不明で予測できないのか、このようなプロセスの本質として予測できないのか、という点が区別できていない場合もある。多様性科学を行なうものは、予測の不確実性の起源をもっと明確にする研究が必要である。

■多面的な影響とその評価

すでに述べたように、生物多様性がもたらす生態系サービスには、いろいろなものがあり、一面的な評価ができない。二酸化炭素の吸収を優先させるか生物制御を優先させるか、というように、生態系サービスの間にも対立関係が生ずる場合がある。さらに、文化的サービスのように、限られた地域や一定の文化的背景を条件としてしか価値をもたない場合があったり、人によって価値判断が異なったりする場合がある。ある文化を共有する人たちにとっては非常に重要であっても、ほかの文化をもつ人にはそれほどの重要性をもたないケースがある。

このような場合には、なぜある種の生物を保護する必要があるのか？　という問いに対しても普遍的な答えはない。天然記念物や絶滅危惧種の指定は、本来なら地域的な価値をもつ生物に対して、よりグローバルな価値をもたせ、そのことによって保全するシステムをつくろうとするもの、ということができるかもしれない。

■グローバルな問題なのか？　地域の問題なのか？

生物多様性は地球環境問題だといわれるが、その保全を考えると、①生態系を構成する生物の多様性消失を防ぐという方向と、②地域に固有な生物や絶滅危惧種を守る、という大きく二つの方向がある。前者では、その影響が物質的あるいは調節的サービスに現れ、かなり普遍的な価値を認めることができるのに対して、後者はときに地域固有の文化的サービスに影響が出るのみで、グローバルな意味をもたない可能性がある。さらに、生物多様性の保全を具体的に考える場合には、地域の生物相や生態系や特殊性を最大限考慮する必要があり、普遍的な方法には限界がある。したがって、ときには生物多様性は地域の問題ではないか、と捉えられることがある。

しかし、両方の問題点ともに、地球規模での人間活動が原因であるという点では共通している。とくに生物多様性消失の究極的な原因となっている、経済や文化のグローバリゼーションに関しては地球規模での対策が必要といえる。こうした生物多様性減少のドライバーとなっている地球規模の要因と、実際に保全の対策を考えなくてはならない地域の要因とをどのような空間スケールで考えるのがよいのか？　あるいは、そのコストをどの空間レベルで負担するのがよいのか？　というような点が解決すべき大きな問題である。

膨大な多様性がすべて必要か？

以上、述べてきたように、生物多様性には物質的あるいは調整的サービスという、かなり普遍的な価値があって、それらのサービスは生物多様性が高くなることで、より効果が大きくなる。しかし、草原の実験でみたように、数十種くらいまでの種数までは多様になることの効果が期待できるだろうが、一種あたりの増加分は種数が多くなるにつれて、しだいに小さくなる。生態系の安定性やレジリアンス、あるいは生物的制御を保つためには、生産力の場合よりさらに多様な種によって生態系が構成される必要があるだろう。しかし、それでも熱帯林のように極端に高い生物多様性が必要かといわれれば、その根拠は弱いだろう。

地域固有種や絶滅危惧種を保全することは、さらに大きな生物多様性の保全を必要とすることになるだろう。また、物質的あるいは調節的サービスに直接関係しない生物の多様性を守る必要性も説明できるだろう。しかし、それは文化的価値をどう評価するかという問題が論点になってくる。

生物の絶滅は不可逆的であり、一度絶滅した生物は復活できない。さらに、絶滅しつつある生物のなかには、現時点では資源やサービスで重要視されていないものの、将来の技術開発によって大きな価値をもつ可能性が秘められている、という理由で保全する価値があるとする議論（予防原理）もある。しかし、すべての絶滅危惧種が必ず将来的な価値をもつとは限らないし、その種を保全し、かつ価値を開発するコストを考えて見合うものであるとは限らない。予防原理を適用する場合にも、そのコスト評価は必ず問題となる。

■リスクマネジメントとしての戦略

生物多様性を保全のためには、生物多様性に関係した現象の不確実性と、価値の評価の普遍性を考えた戦略が必要なのかもしれない。池田（二〇〇四）では、環境問題の経済評価とその対処方法を考えたときリスクマネジメントの重要性を説き、そのなかで、知識の不確かさの程

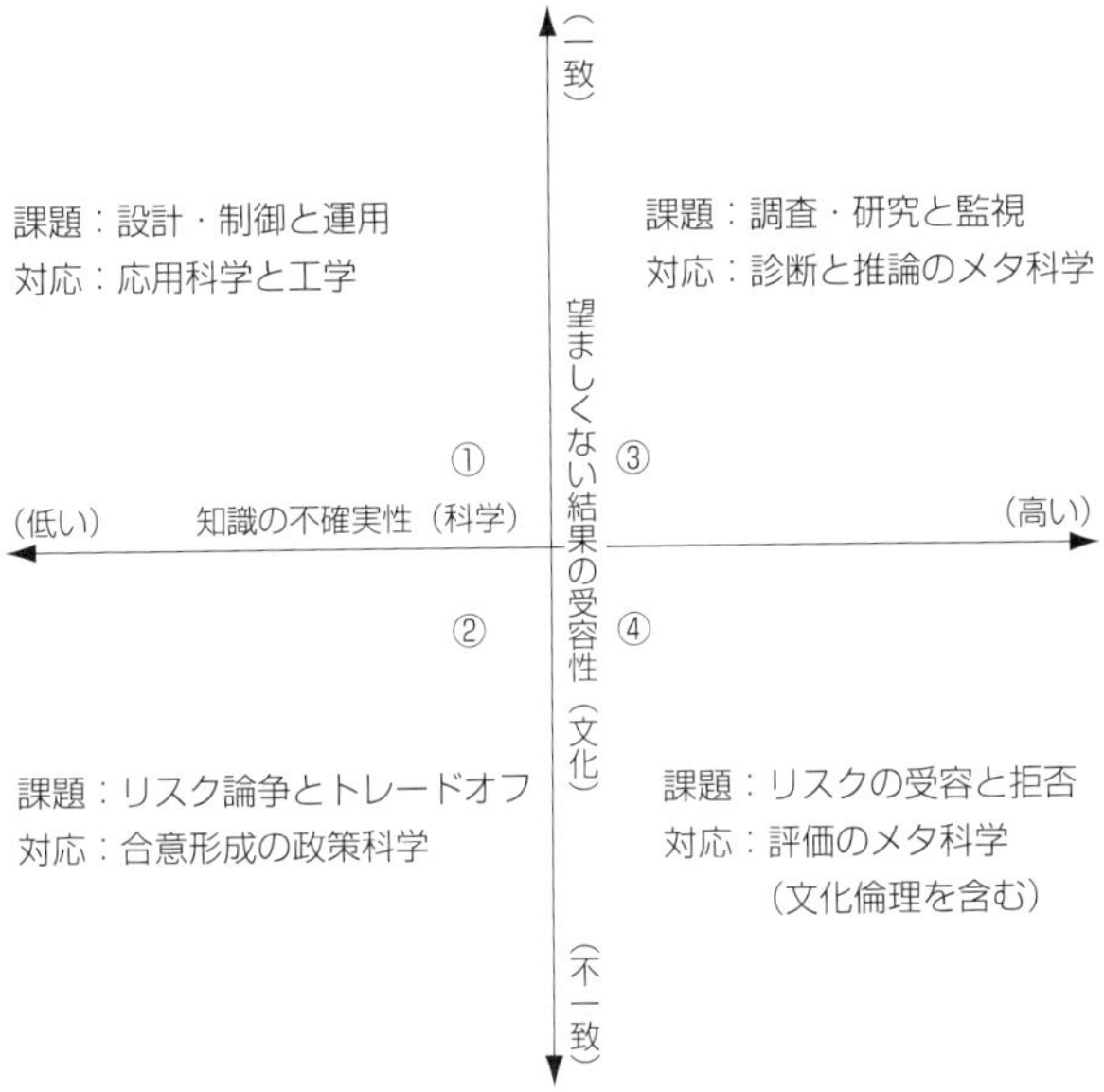

図6　総合的政策科学としての リスクマネジメント戦略の枠組み

（出典）池田 2004: 43。

度とリスク事象の結果に対する社会的受容度によって、戦略を区分している（図6）。

生物多様性の問題は、ほかの環境問題と比較しても不確実性の高い問題である。また、生物多様性が失われた結果を社会的に受容できるかどうかも必ずしも一致しない。物質的あるいは調節的サービスに関しては、生物多様性が失われた結果が望ましくないという考え方は一致するだろうが、地域固有種あるいは絶滅危惧種の保全に関しては、社会的な評価が必ずしも一致していない。

したがって、生態系を構成する生物の多様性を保全するという問題では図の③に、絶滅危惧種を守るという問題は④の問題として捉えられるのではないかと思う。前者に関しては、より研究・調査・モニタリングに投資し、リスク評価のシステムを開発することが重要である。後者に関しては、文化や倫理がどのくらい重要なのかということをまず認識し、リスクの社会的認識を高める必要がある。

つまり生物多様性の重要性や価値をどのように評価するか、ということそのものが、その評価手法もふくめてまだ解決できていないのである。地域性や文化の価値あるいはそれに貢献している生物多様性をどう評価するのか、という問題をまず解決する必要があるのだ。

おわりに

この章を読んで、生物多様性の問題とはどんな問題なのか、あるいはそのむずかしさが、少しでも理解していただければ幸いである。とはいえ、個人的にはもっとシンプルな感覚的理解も必要だと思っている。生物多様性を重視した生活とは、たとえば、短期的な利益よりも長期の利益を考えた行動をすること、あるいは予想しにくい出来事に対して対処したり、種や生態系を失うことに対して注意深く行動したりすることである。それは、持続性を重視する生き方につながる。また、地域をより大切にし、固有の生物が与えてくれる文化をもっと評価することも大切であろう。ともかく、生物多様性が与えてくれているものに、もっと気づくことからはじめたい。

●参考文献――

アメリカ合衆国政府　一九八〇『西暦二〇〇〇年の地球（原題：The Global 2000 Report to the President : Entering the Twenty-First Century）二　環境編』逸見謙三・立花一雄訳、家の光協会（一九八一年発行）、五二六頁。
池田三郎　二〇〇四「リスク分析事始」池田三郎・酒井泰弘・多和田眞編著『リスク、環境および経済』勁草書房、三三―四五頁。
市野隆雄　一九九八「生物多様性の保全にむけて」井上民二・和田栄太郎編『岩波講座　地球環境学　生物多様性とその保全』岩波書店、一九七―二四八頁。
イボンヌ・バスキン編　二〇〇一『生物多様性の意味――自然は生命をどう支えているのか』藤倉良訳、ダイヤモンド社、三〇〇頁（Baskin, Y. 1997 *The Work of Nature. How the diversity of Life Sustain Us*. SCOPE.）
サイモン・レヴィン　二〇〇三『持続不可能性』重定南奈子・高須夫悟訳、文一総合出版（Levin, S. A. 1999 *Fragile Dominion*. Cambridge: Preseus Publishing, p.250.）
生物多様性政策研究会編　二〇〇二『生物多様性キーワード事典』中央法規、二四七頁。
長崎盛輝　二〇〇一『日本の傳統色』青幻舎、三五八頁。

中静透　一九九八「モンスーンアジアの生物多様性」井上民二・和田栄太郎編『岩波講座　地球環境学　生物多様性とその保全』岩波書店、一三三―一五九頁。

鷲谷いづみ・矢原徹一　一九九六『保全生態学入門――遺伝子から景観まで』文一総合出版、二七〇頁。

Benton, T. G., Vickery, J. A., and Wilson, J. D. 2003. Farmland biodiversity: Is habitat heterogeneity the key? *Trends in Ecol Evol* 18: 182-188.

Chiesura A, and De Groot, R. 2003. Critical natural capital: A socio-cultural perspective. *Ecol Econom* 44: 219-231.

Dwyer, G., Dushoff, J., and Harrell, Yee S. 2004. The control effects of pathogens and predators on insect outbreaks. *Nature* 430: 341-345.

Elmqvist, T., Folke, C., Nystrom, M., Peterson, G., Bengtsson, J., Walker, B., and Norberg, J. 2003. Response diversity, ecosystem change, and resilience. *Front Ecol Environ* 1: 488-494.

Folke, C., Berkes, F., and Colding, J. 1998. Ecological practices and social mechanisms for building resilience and sustainability. In Berkes, F., and Folke, C. (eds.), *Linking Social and Ecological Systems*. Cambridge: Cambridge University Press, pp 414-436.

Ives, A., and Cardinate, B. J. 2004. Food-web interactions govern the resilience of communities after non-random extinctions. *Nature* 429: 174-177.

Levine, J. M. et al. 2002. Meibourhood scale effects of species diversity on biological invasions and their relationship to community patterns. In Loreau, M. et al. (eds.), *Biodiversity and Ecosystem Functioning. Synthesis and Perspectives*. Oxford: Oxford University Press, pp.114-124.

Loreau, M., Naeem, S., and Inchausti, P. 2002. (eds) *Biodiversity and Ecosystem Functioning. Synthesis and Perspectives*. New York: Oxford University Press, p.294.

May, R. M., Lawton, J. H. and Stork, N. E. Assessing extinction rates. In Lawton, J. H. and May, R. M. 1995. (eds.),

Extinction Rates, Oxford: Oxford University press, pp.1-24.

Tilman, D. et al. 2002. Plant diversity and composition: Effects on productivity and nutrient dynamics of experimental grassland. In Loreau, M. et al. (eds.), *Biodiversity and Ecosystem Functioning. Synthesis and Perspectives*. Oxford: Oxford University Press, pp.21-35.

Totten, M., Pandya, S.I. and Janson-Smith, T. 2003. Biodiversity, climate, and Kyoto Protocol: Risks and opportunities. *Front Ecol Environ* 1: 262-270.

Wilby, A., and Thomas, M. B. 2002. Natural enemy diversity and pest control: Patterns of pest emergence with agricultural intensification. *Ecol Letters* 5: 353-360.

第2章

「雑食動物」人間

日高敏隆

人間にとって生物多様性は？

地球上の生態系にとって、生物多様性がどのように重要な意味をもっているかということについては、前章で中静氏が述べたとおりである。

では、もっとストレートに、われわれ人間にとって生物多様性は本当に必要なのか、と聞かれたらどう答えたらよいであろうか。

ちょっと考えてみてもわかるとおり、これに答えるのはあまり簡単なことではない。

たとえば、もし生物多様性がなくなったら生態系が単純になり、不安定になる、といわれる。中静氏もくわしく説明されたように、それはまったく確かなことである。

けれど、「生態系が不安定になったっていいじゃないですか、人間はあまり困らないのではありませんか」といわれたら、どうしたらいいか。

「生態系が単純になったら、人間は精神的に淋しさを感じる。それは人間の心にとって、けっして良いことではない」という答え方もあるだろう。けれど「精神的に」などと言い出したら、それこそ果てしない議論がはじまってしまう。

とにかく、このような問題が次々に出てくるので、生物多様性というものが人間にとって、なぜ、どのように必要なのであるかという問いには、簡単には答えられないのである。

そこで、もっと端的に、人間の食物、食べるものと栄養という点から見てみたらどうであろうか。

何から栄養をとるか?

あえていうまでもないことだが、生物の体は、有機物、とくにタンパク質からできている。そのタンパク質をどのようにしてつくるか、それが生物が生きていくために、もっとも根本的なことである。

われわれは動物であるから、毎日食べ物を食べて、そこからそのタンパク質を得ている。あるいは、そこから得られた栄養でタンパク質をつくっている。しかし、すべての生き物が、このような生き方をしているわけではない。

かつて何十億年前、できたばかりの地球には、有機物というものはごくわずかしか存在していなかった。原始の海のなかで起こったいろいろな物質の変化の結果として、うすい有機物の溶液ができてきたのだといわれている。長い時間の間にそこからアミノ酸が生じ、タンパク質や核酸ができ、そして自己複製能力をもつDNAというものが現れて、生物らしい生物ができてきたのである。

こうして生じた初期の生物は、イオウとか鉄とかといったような物質から成る無機化合物を分解したり反応させたりしてエネルギーを得、そのエネルギーによってタンパク質やＤＮＡのような生物にとって不可欠な有機物をつくっていたと考えられている。

現在でも、そのようなやり方をしている生物がいる。それらは深い海の底の熱水噴出口や地下の無酸素状態の場所で生きている、植物でも動物でもないかなり特殊な菌類である。

しかしやがて、といっても何億年もかかってのことであるが、そのよう初期的な生物から、どのようにして現れたのかよくわからないけれど、とにかく地球に降りそそいでいる太陽エネルギーを使って有機物をつくろうという生物が生じた。

太陽エネルギーの力を借りて空気中あるいは水中の二酸化炭素と水とを反応させて有機物のでんぷんをつくり、それに窒素を加えて反応させてタンパク質をつくるのである。このようにして生きていこうとする生物が植物であった。

そのような生物が現れてくると、それらはいろいろな方法で、必要な太陽エネルギーをとろうとする。その方法はさまざまになっていき、それにしたがってさまざまな植物が現れてきた。

そのころ、生物はまだ海のなかにしかいなかったし、おそらく単細胞のものばかりだっただろうから、最初の植物は今日の植物プランクトンのようなものだったろう。しかしそれらには、太陽エネルギーや水中の炭素源、窒素源物質のとり方、必要とする水温、繁殖のしかた、移動のしかたなどにおいて、さまざまなものが現れ、生きて繁殖していけるものはみな子孫を残しつつ、さらに多様化していったにちがいない。生物が遺伝子DNAの増殖によって生き残っていく以上、そこには必然的に生き方の多様化が生まれるからである。生物多様性はすでにこの時代からひとつの必然であった。

生物の多様化の当然の成り行きとして、単細胞植物の多細胞化も起こった。たぶん、初期の多細胞植物は海藻のようなものであったろうが、同じ海藻とはいっても、生き方のちがいによって、褐藻、緑藻、あるいは紅藻というように、さまざまなものになっていった。

すると、このような植物たちの体をつくっているタンパク質を食べて、それで自分の体をつくっていこうという生物が現れた。それが動物である。

つまり、無機エネルギーや太陽エネルギーを使うのではなく、植物が太陽エネルギーを使ってつくったタンパク質などのような有機物をそのまま取り込み、それを自分のなかでつくりかえて自分のタンパクにし、それで生きていこうという生物である。

このような生き方をする生物が動物であるが、その動物にもどういう植物を食べるか、どのようにして食べるか、どのような場所に生えている植物のどの部分を食べるか、そしてどのように子孫を残していくかなどによって、さまざまなものが生じうる。

植物はすでに多様化しており、多様化は次々と進行していくから、それを食べて生きようとする動物の多様化も含めて、生物多様性はますます複雑になっていった。

もちろん事態はここで終わるわけではない。次の段階としては、こういう植物を食べて生きていく動物（草食動物）を食べて、その有機物で生きていこうとする動物が現れたと考えられる。それがいわゆる肉食動物ということになるが、そうなると、ますます、さまざまな生物が増えてくることになる。

そして、このようにいろいろな植物や動物が現れてくると、そのどれかに寄生して、その体からタンパク質を吸いとって生きていこうという生物、つまり、植物でも動物でもない、いわゆる菌類であるとか、あるいは寄生性の植物とか寄生性の動物とかいうものも、次々に現れてきた。

生きた植物や生きた動物でなく、枯れた植物や朽木、あるいは動物の死体や糞、尿を食べるものも生じる。

こうして生物多様性は、複雑怪奇なものになっていった。

現在の地球上には、こういう生物たちが入り乱れて生きており、それが今日の生物多様性を生んでいるわけである。人間もこの生物多様性のなかで生まれてきた。

さてこの多様な生物のなかで、人間は動物である。動物とは、無機物エネルギーや太陽のエネルギーを利用するのではなく、有機物を食べて自分の体の有機物をつくる生物である。動物たちが栄養源にしているこの有機物が、動物の「食べもの」、「食物」なのである。

つまり、動物が現れたことによって、「食物」というものが出現することになったわけである。植物にも栄養源は不可欠だが、口から取り込む食物というものはない。菌類は有機物を体の表面から吸収しているが、口から取り込む食物というものはやはりない。動物にだけ、食物というものがあるのである。

この動物たちの食物は他の生き物の体そのものであることが多いが、その汁だったり血液だったり、あるいはその糞とか分泌物であったり、じつにさまざまである。けれど、いずれにせよ、他の生物由来のものであることに変わりはない。ただし、たとえ生物起原ではあっても、石化してしまった石炭は食物にはならないし、また、たとえ有機物ではあっても石油からの製品ではだめである。

つまり動物たちは、その食物としての生物を絶対的に必要としており、それなしには生きてもいけず、子孫も残せないのだ。

動物の食物という視点にたったとき、人間にとって生物多様性はどのような意味をもっているだろうか？　ここで、そのことを考えてみたいと思っているわけである。

草食動物の苦労

さて、動物が食物を食べていこうとするとき、では何を食べたらよいか。

地球上には、じつにいろいろなものを食べている動物がいて、こんなものを食べているのかと驚きあきれるほどであるけれども、人間は脊椎動物の哺乳類に属しているから、話は哺乳類に限ることにしたい。

ある哺乳類は植物を食べることにした。哺乳類であるから、食べる食物はプランクトンなどという単細胞の生物ではなくて、草とか木とか、いわゆる植物である。そして、そのような植物の大多数のものは太陽光を受けるために、体のひとつひとつの細胞の壁を固くして、体が地上にしっかり立っていられるようにしている。動物が欲しいと思っている有機物とくに利用可能なタンパク質は、その細胞のなかにある。つまり、その細胞の固い壁のなかにあるわけである。動物がこのタンパク質を自分の体に取り込むには、その植物の固い細胞を何らかのかたちで壊す必要がある。

そうしなければ、植物の頑丈な細胞はそのまま動物の腸を通り抜けていき、動物は何の栄養も得られないことになろう。

そのためには、まず歯で植物をすりつぶす必要があった。だから草を食べるいわゆる草食動物の口にある歯の大部分は、平たいすりつぶし面をもった臼歯である（図1）。

しかし、臼歯ですべてがすりつぶせるというわけではない。小さい個々の細胞の壁は主としてセルロースという物質からできている。この細胞壁を機械的にすべて壊すことはほとんど不可能なので、化学的に分解すなわち消化する必要があるが、セルロースを消化するのは大変なことである。哺乳類がもともともっている消化酵素では、セルロースは消化できない。

そこで、専門的に草を食べる草食動物になった動物たちは、大変な苦労をした。草食動物の典型といってもよいのは、たとえばウシであるけれども、ウシは草原あるいは牧場でおもにイネ科の草を食べている。

その草には、丈夫な繊維があり、セルロースの細胞壁があり、そして草の葉や茎の丈夫な表皮には無機的なケイ素化合物が含まれていて、しっかり陸上に立っているとともに、おいそれと動物にかじられたり、食べられたりしないように守っている。ウシはそれを食べ、固い細胞のなかからタンパク質その他の栄養分をとろうというわけだ。

そこでウシは、胃を四つに分け、その第一部と第二部に大改造を加えて、いわゆる反芻胃と呼ばれる特殊な構造にした。

図2はウシの胃がどのようにできてくるかを示したものである。

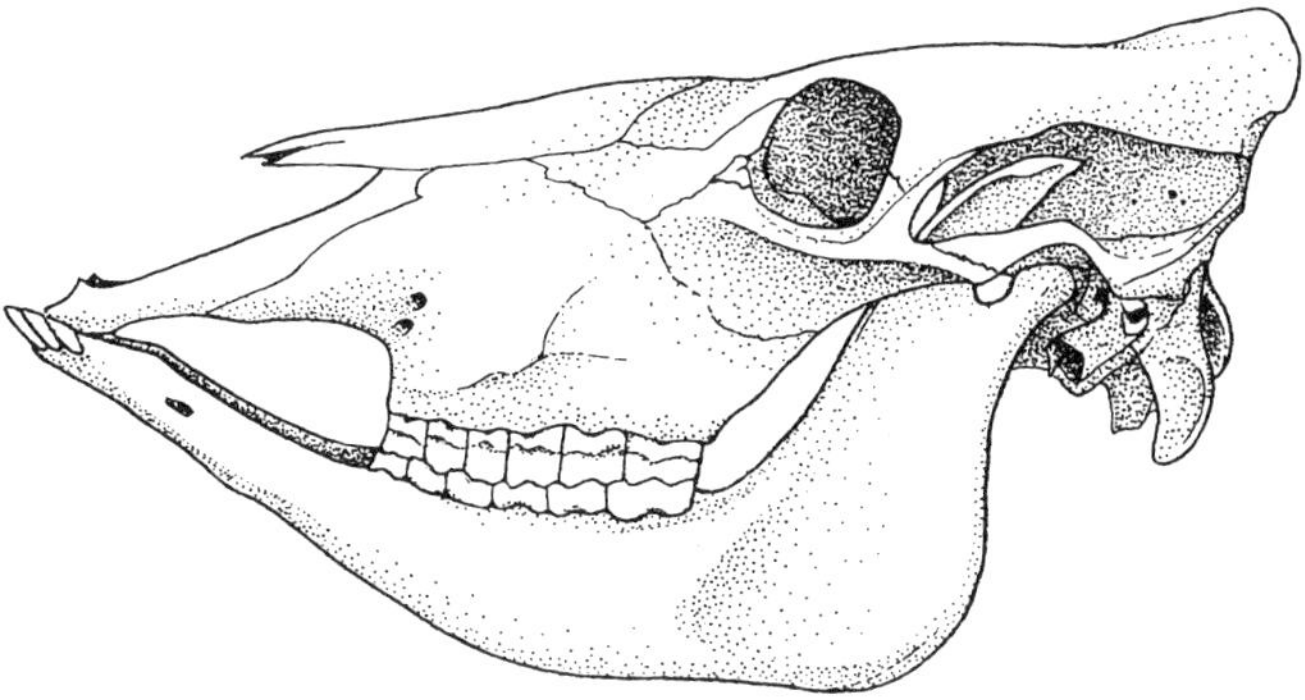

図１　ウシの頭骨の模式図（側面）

（出典）遠藤 2001：42。

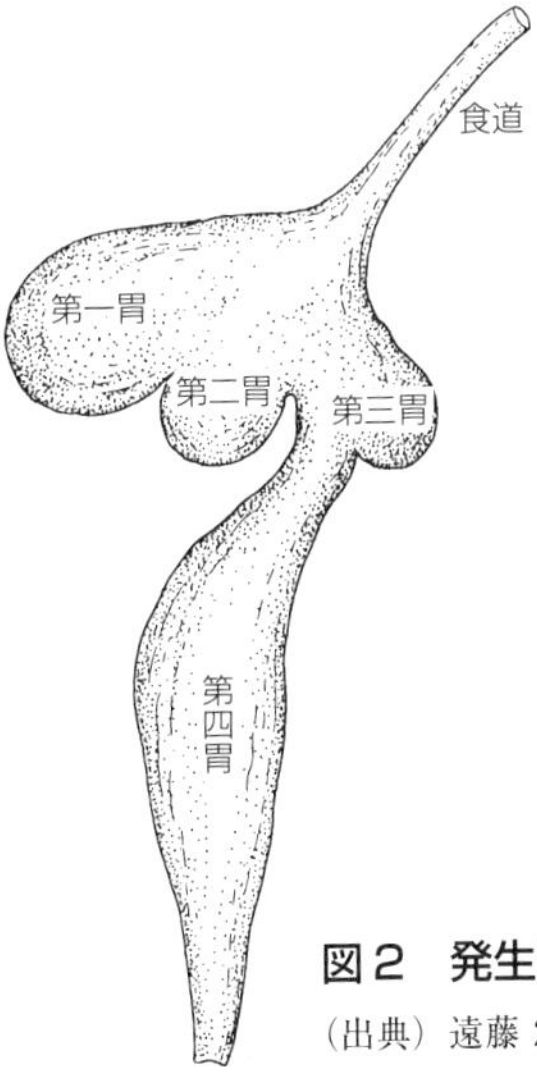

図２　発生途上のウシの胃

（出典）遠藤 2001：77。

食道につづく胃には、胎児のとき四つの部分が生じ、それがそれぞれ第一胃、第二胃、第三胃、第四胃になっていく。

かつては第一から第三胃までは食道の下端部が変形したいわゆる「前胃」であり、ほんとうの胃は第四胃だけであるといわれていたが、近年この考え方は否定され、四つの胃すべてがほんとうの胃であると考えられるようになったという。

それはともかく、第一胃と第二胃は極端に大きくなっていき、そのなかにいろいろな共生微生物を住まわせるようになる。そして草の消化はほとんどここで行なわれる。

とくに第一胃は大きくて、上方(背側)の背嚢と、下方(腹側)の腹嚢に分かれ、背嚢、腹嚢のそれぞれが後方に多少張り出した後背盲嚢と後腹盲嚢とともに、胃の大部分を占めている。図3はこれをウシの体の左側から見たところである。

第一胃につづく第二胃はそれほど大きくはなく、第三胃、第四胃とともに第一胃の下後方に位置して腸へと連なるが、要するにウシのあの大きな腹腔は胃のためにあるといってよい。胃は伸縮自在なのでその容積は量り難いが、およそ一〇〇リットルから二〇〇リットルはあるだろうといわれている。

もちろん腸もまた小腸(十二指腸、空腸、回腸)、盲腸、大腸(結腸、直腸)と分化し、複雑な形状で長く巻いているが、これらは図4に示すように、すべて体の右側に押さえ込まれている。

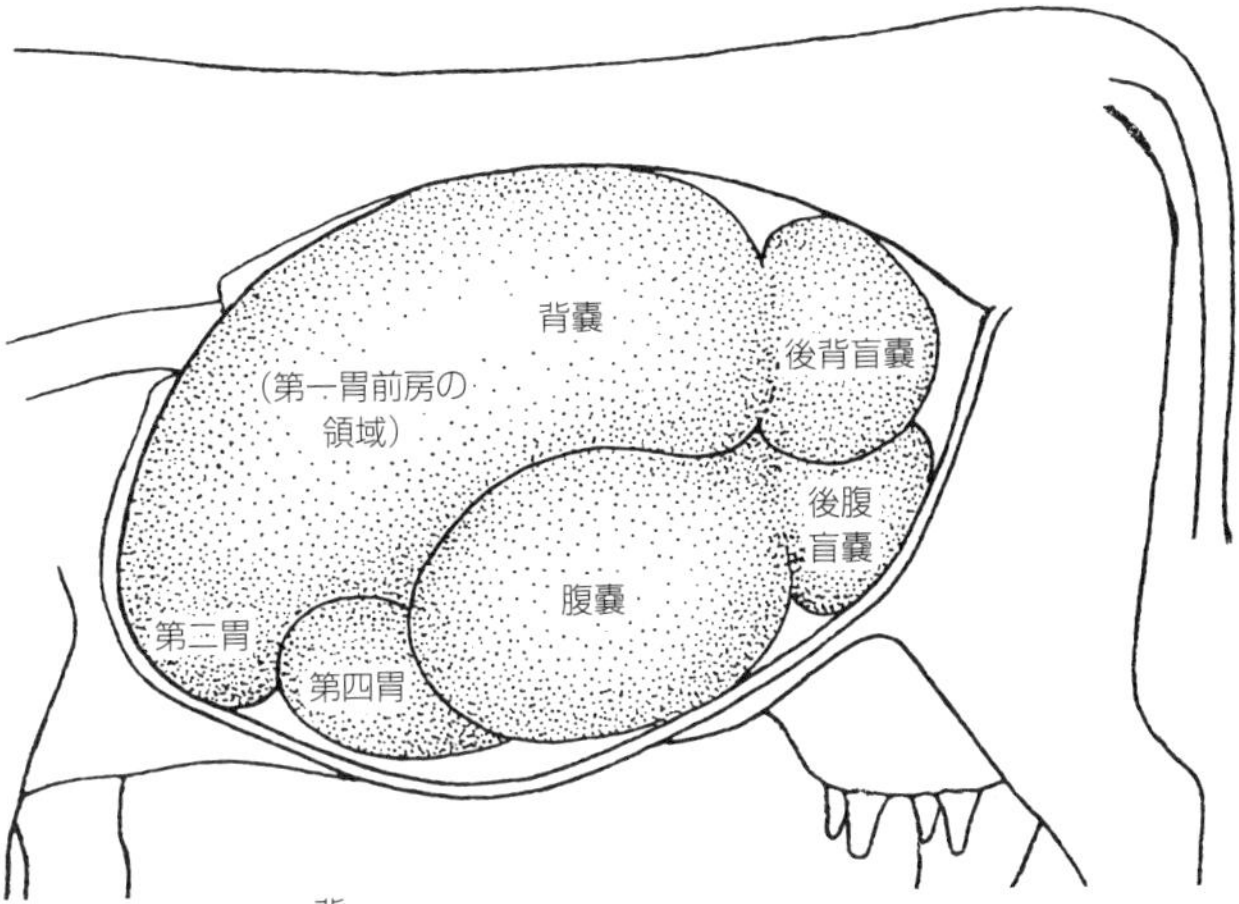

図3　ウシの左側腹壁を取り除いて腹腔をみたところ

(出典) 遠藤 2001：78。

(注) この角度では、ほとんど第一胃ばかりがみえる。筋柱が第一胃をいくつかの腔所に分けている(背嚢、後背盲嚢、腹嚢、後腹盲嚢、外からは見分けにくいが、第一胃前房の領域)。そのさらに前方に第二胃が顔を出す。正中腹側に位置するのが第四胃。

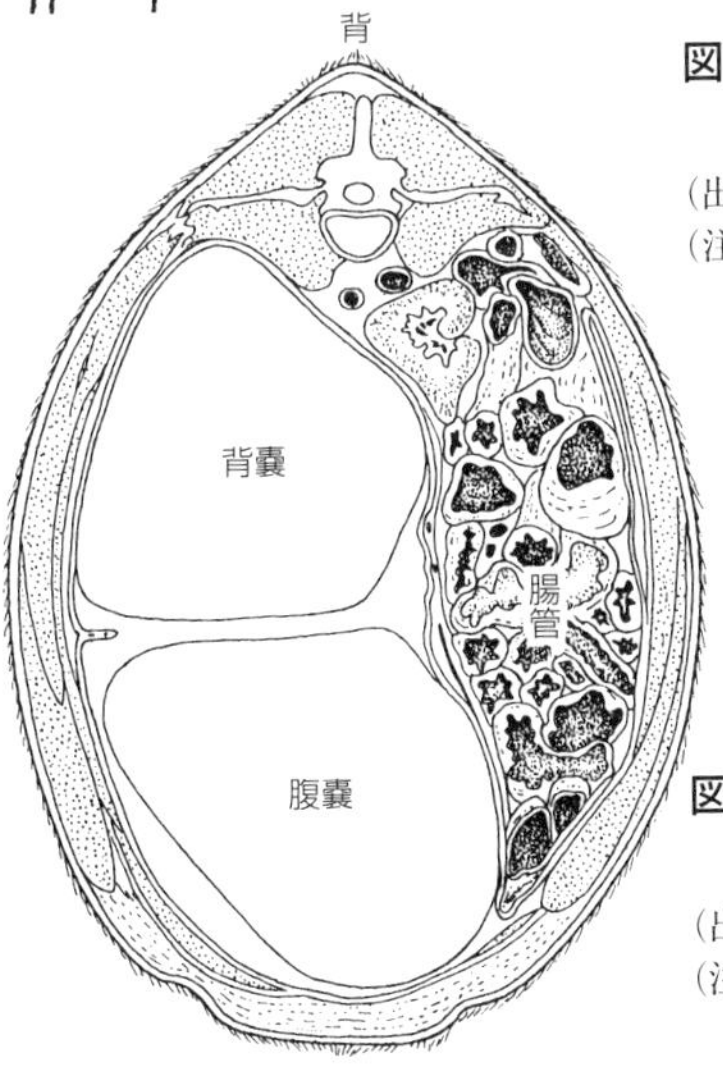

図4　ウシの体の腰椎列中央部付近での横断面

(出典) 遠藤 2001：80。

(注) 左側を第一胃（背嚢、腹嚢）が、右側を腸管が占めている。

つまりウシは、なんと腹腔を左右に分け、左側には第一、第二胃を、そして胃の残りと腸のほとんどすべての部分を右側に置くという、ふしぎなことをしているのだ。

それも要するに、消化しにくい草をほとんど完全に消化してしまわんがためである。

それでもこの消化には時間がかかり、かんたんには完了しない。そこでウシは第一胃の内容物のなかから未消化のものを選び出し、それを口に吐きもどして歯で噛みなおし、また飲み込んで第一胃に送る。これが反芻である。

草という消化しにくいものばかりを食物にし、そこから必要な栄養素をすべて得るために、ウシは他の動物にはあまり見られない、このような構造を備えることになったのである。

大量の草を食べ、長い時間かけてそれを消化しきるために、ウシは、寝ころがって反芻をつづけている時間も含めると、一日に二〇時間近くを栄養摂取に費やしていると考えられる。草は大量にあり、食べるのに手間はかからないから、食物としてすぐれているように一見思われるけれど、それだけからちゃんと栄養をとって生きつづけていくには、それなりの大がかりなしくみが必要なのである。

ウシとならんで、ウマもまた典型的な専門の草食動物である。しばしばウマとウシは同じ草原や牧場で、同じ草を食べており、どちらも自分が必要な栄養素のすべてをわずかな種類の草から得ているが、おもしろいことに、そのやり方はまったく異なっている。

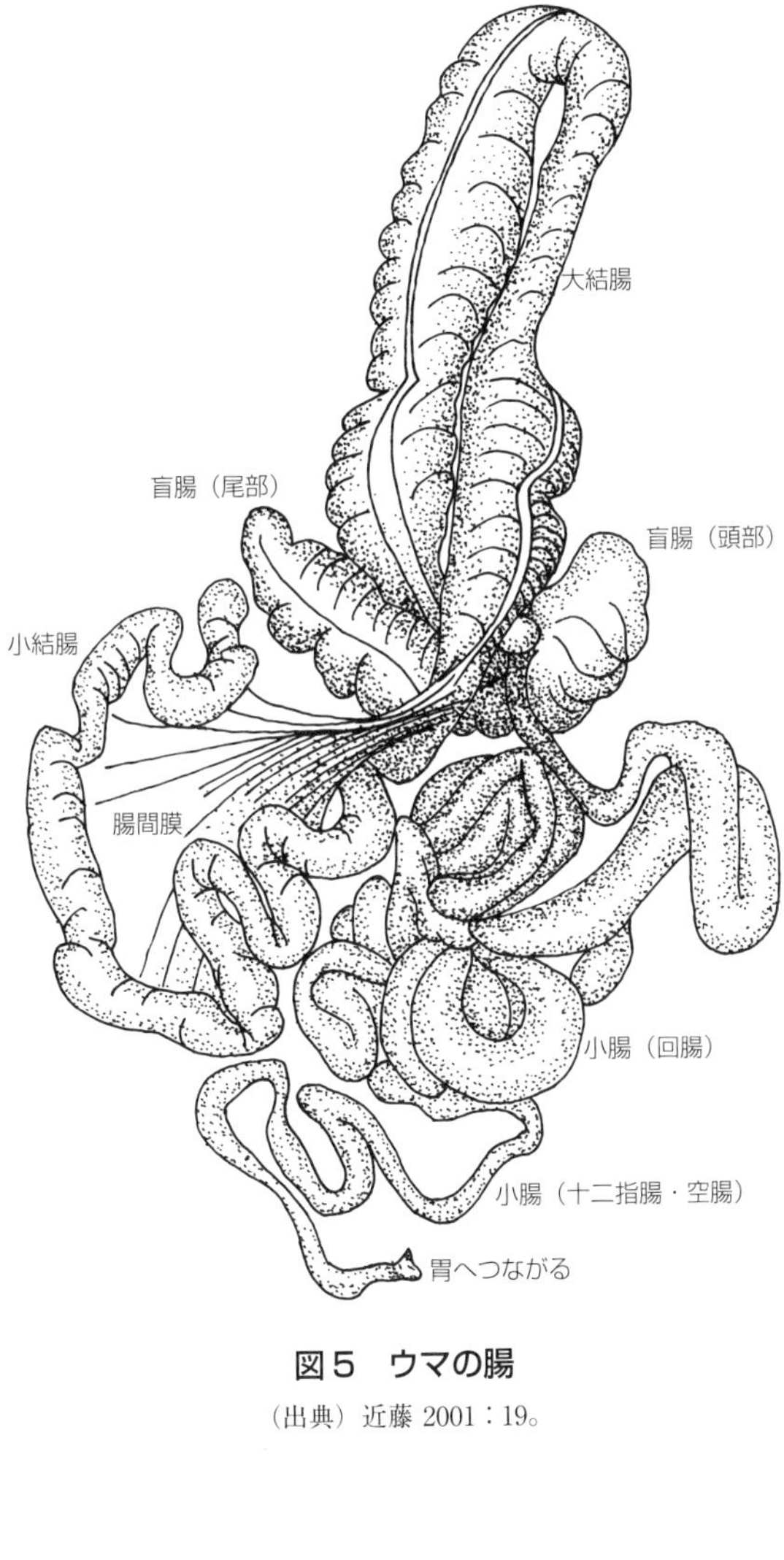

図5　ウマの腸

（出典）近藤 2001：19。

ウシは消化器系前端部、それも胃の前半部に特定の微生物を共生させ、それによって草を十分に消化し、それを順次消化器系の後部へ送って栄養を吸収しているが、ウマは消化と吸収の大部分を消化器系後部の盲腸と結腸に委ねている（図5）。

ウマの胃は容量が一五リットルほどで、ウシの二〇〇リットルというのにくらべると一〇分の一にもならない。その機能は食べた草を胃液と混ぜあわせ、腸へ送るだけである。十二指腸と小腸では、それまでに消化されたでんぷんや糖、脂肪、タンパク質が吸収されるが、草の大部分を成す炭水化物（セルロースなど）は、盲腸と結腸から成る大腸へ未消化のまま送られる。

盲腸は長さが一・二メートル、容量が三〇リットルほど。胃の二倍もある。結腸は長さ約七メートル、容量は何と七〇〜八〇リットル。この盲腸・結腸という巨大な発酵槽のなかに共生微生物が住んでおり、草の構造性炭水化物（主成分はセルロース）を分解して脂肪酸に変えるというが、そのしくみはまだよくわかっていない。

共生微生物は大腸の粘膜に近い部分に多いので、草の塊は大腸のなかを往復しながら周辺の部分から消化されていくが、それでもなお未消化のものは、このあとに消化器系がもはや存在しないので、そのまま糞として排出されてしまう。ウマの糞があのような形になるのはそのためである。

いずれにせよウシとウマは、消化しにくい草を唯一の食物とする専門的な草食動物として、それぞれがきわめて特殊化された動物にならざるをえなかった。そして草を大量に食べて消化し、必要な栄養を得るために、どちらも一日に二〇時間ほどを費やしている。

しかし専門の草食動物であっても、このような体の改造をしなかった、あるいはできなかった動物もいる。たとえば、ジャイアント・パンダがおそらくその例であろう。彼らは、なぜだかわからないが竹を食べるようになって、そして竹以外の植物は消化できないようになってしまった。竹というのは非常に消化の悪い植物なのに、パンダは反芻胃などもっていないので、とにかく大量に竹の葉を食べて腸のなかを流していき、わずかにとれる栄養分だけをとって、やっと体をつくり子孫を残している状態であるらしい。その結果ジャイアント・パンダは、竹が大量に、しかもあまり苦労せずに得られるような地域に縛りつけられてしまうことになった。

とにかくこうして、草だけを食べて自分に必要な栄養分をとり、生きていこうとする動物が草食動物である。そしてウシとウマの例で述べたとおり、専門化した草食動物は歯の構造や配置から消化器の構造にいたるまで、すべてにわたって著しい特殊化を必要とした。それは大変なことであったにちがいない。そして、いったんそのような専門的草食動物になったものは、もはや肉を食べたり、果物を食べたりする必要も可能性もなくなっている。つまり、それ以外の生き方はできなくなったのである。

その一方、草や木という植物ではなくて、それを食べている動物を食べようとした動物たちもいる。それがいわゆる肉食動物である。

肉食動物

肉食動物は、植物を食べる草食動物とはまたちがったことで苦労している。

つまり、一般的にいって、動物の肉は非常に消化しやすい。カメやカブトムシ、甲殻類、あるいは貝のように固い殻をもった動物も多いが、固いのは体を守るための外殻だけであって、内部の肉はやわらかい。

とくに脊椎動物は背骨を中心とする骨格で体をしっかり支えているから、植物のように体じゅうの細胞の壁を厚く丈夫にしておく必要はなかった。むしろ、そんなことをしたら、体を動かす筋肉細胞はまったくその役を果たさなくなってしまう。だから肉食動物は、食物を消化するために消化器系に特別な工夫・改造を加える必要はなかった。ましてや共生微生物による発酵消化を期待する反芻胃や盲腸をつくったりするような必要もまったくなかった。

けれど、動物たちは動くので、これを食べるためには動物たちを追っかけてつかまえて、殺さねばならない。そのために、早い足とか鋭い牙とか殺す方法とか、さまざまなことを生み出す必要があった。

それとともに、獲物動物の存在をキャッチするための鋭敏な感覚器官が不可欠であった。夜の暗闇のなかでも見える眼も必要であったろうし、獲物の存在だけでなく、その位置や動きまで知ることのできる嗅覚や聴覚も必要であったろう。

待ち伏せ、忍び寄り、長距離の追跡、ダッシュ、獲物の引き倒しなど、それぞれの動物なりにそれぞれのテクニックを「開発」する必要もあったろう。

オオカミのように群れで獲物を狩る肉食動物は、協力して狩りを遂行するために、それぞれ自分がどのような立場にいるかという認識や、持ち場にしたがって行動する状況判断の能力も要求された。

そして獲物が捕れない場合には長期の飢えに耐えるという生理的能力も備わっていなくてはならなかった。

その一方、肉食動物には獲物を捕らえるスキルの習得が必要である。子どもが独り立ちして獲物を得ることができるようになるまでは、親による教育とはいわぬまでも、少なくとも学習の手本を示すものとしての親の存在と親による給餌や保護がなければならない。そこで多くの肉食動物では、親による育児が発達した。いずれにせよ肉食動物は、生まれて数時間後には自分で食物を食べる草食動物とはまったく異なるコストをかけている。

そして、歯はそのような動物たちを食い殺すことが必要なので、とがった犬歯をはじめとする鋭い歯が必要であった。そして肉を引き裂くために臼歯もみな鋭い歯になっている（図6）。けれど、肉の消化は非常によいから、胃も大きい必要はないし、小腸でさらに消化して吸収するのに時間はかからないから、小腸は短くてすむ。発酵のための盲腸も要らない。糞になるものもあまりないので、大腸も長い必要はない（図7）。典型的な専門的肉食動物であるネコでは、腸の全長は体長の四倍しかない（草食動物のウシでは二〇倍、ヒツジでは二七倍、ウサギでは一〇倍である）。腸が短いため腹部のふくらみも小さく、体は一般的にほっそりした姿で、むしろ獲物を追っかけてまわれる、すばしこい姿になっている。同じくらいの大きさのネコ（図7）とウサギ（図8）をくらべて見ればそれがわかる。

専門の肉食動物は、タンパク質はいうにおよばず、炭水化物も含めてすべての栄養を獲物の動物の肉や内臓から得ている。植物に含まれているビタミン類その他の栄養素も、獲物の内臓から得ている。野菜を食べたりする必要はない。草食動物が草だけで生きているように、肉食動物は獲物動物だけで生きている。

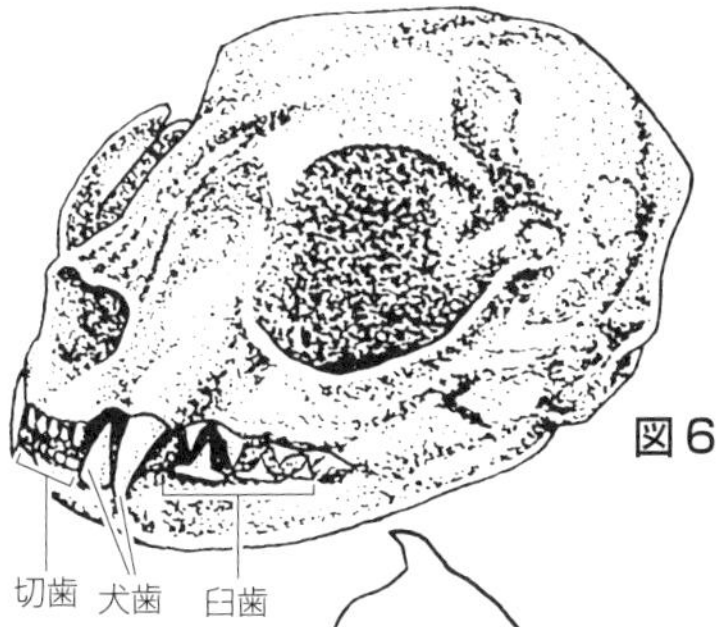

図６　ネコの歯

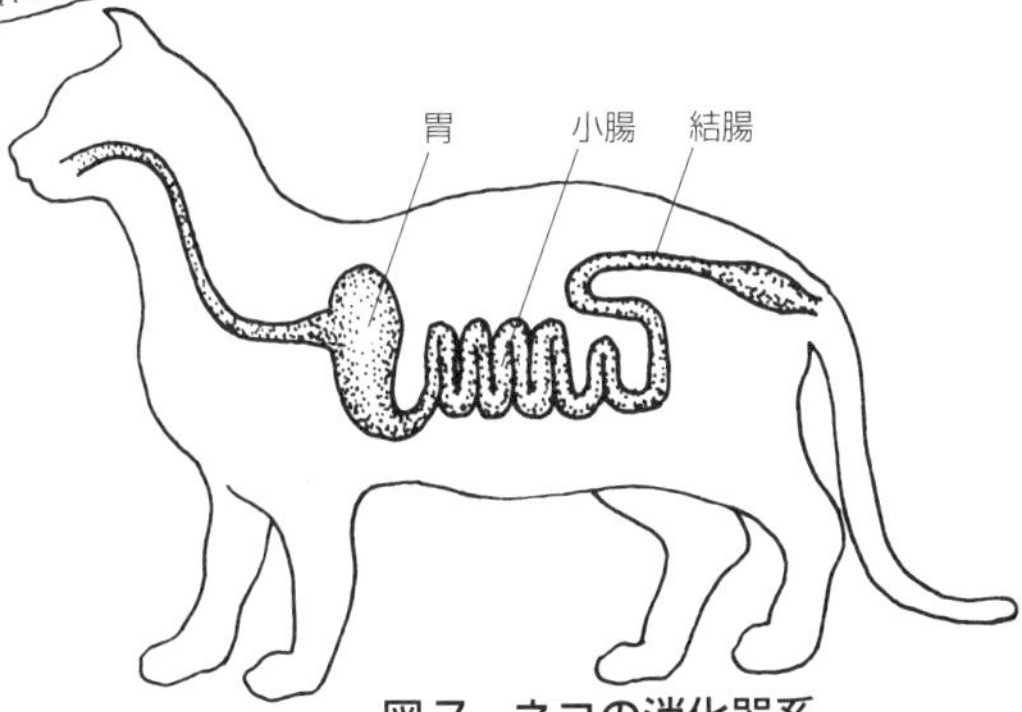

図７　ネコの消化器系

（出典）林 2003：27。
（注）肉食獣の消化管。全体に短く、盲腸はほとんどみられず、大腸（結腸）も単純である。

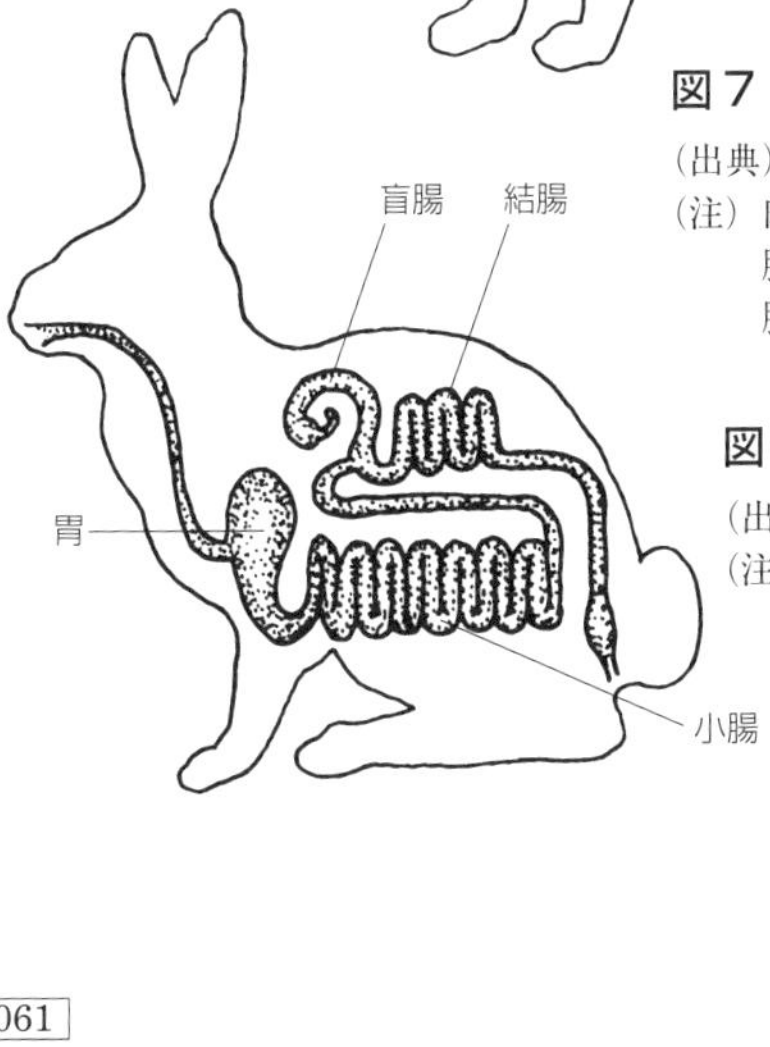

図８　ウサギの消化器系

（出典）林 2003：27。
（注）草食獣の消化管。小腸、大腸（結腸）とも長く、大きな盲腸をもつ。盲腸は繊維質の多い食物を微生物で発酵させ、消化する。

人間はそのどちらでもない

だが、この二つ以外にも第三の動物がいた。専門的に獲物を捕らえてその肉ばかりを食べているのではない。草ばかりを食べているわけでもない。草も食べ、肉も食べ、虫も食べというように、ちょこちょこといろいろなものを食べるという生き方をするようになった、いわゆる雑食動物がこれである。

身近なところにいる雑食動物というのは、たとえばタヌキがそうである。イノシシなども多分そうであろう。

タヌキは、ネズミなどを捕らえて食べることもあるが、落ちた柿の実を食べることもある。草や木の葉は食べないが、水に入って魚を捕らえたり、エビを捕らえたりすることもある。とにかく、いろいろなものを食べている。

人間も、このような雑食動物として、できているのではないか。

人間が人間という動物になったのは、おそらくアフリカにおいてであったといわれている。その当時のアフリカには、すでに恐ろしい肉食獣たちがいた。かつて他の類人猿たちと住んでいた森林をどういうわけか離れて草原へ出てきた人間は、その肉食獣たちの攻撃を避けながら、小さな獲物を捕り、虫を捕り、そして植物を食べということによって、やっと生きのびてきたのではないだろうか。

人間は、専門的な肉食動物にはなりえなかった。草原に出てからは、前よりもよく狩りをするようにはなったが、もともと草食の類人猿から本格的な肉食動物になる時間はなかったろうし、もしなったとしても、とてもアフリカに前からいた肉食動物たちと対抗しうる肉食獣にはなれなかっただろう。

そして専門的な草食動物にもなりえなかった。すでにくわしく述べたとおり、専門的な草食動物になるためには、体の、少なくとも胃と腸の大改造をしなければならないが、そんなことをしている時間はなかったし、もともと雑食に近い類人猿の仲間である人間に、腸のそのような大改造は不可能であった。大量の草を食って徹底的にそれを消化して、そこからすべての栄養をとるというようなことができる動物ではなかったのである。

類人猿の仲間は、ある意味では草食動物であるけれども、草の芽を食い、木の芽を食い、タケノコを食べ、木の根を掘り、あるいは葉っぱも食べ、木の実や果実を食べ、虫も食べ、というような、きわめて雑食動物的な動物である。人間はその系統を引いているので、おそらく専門的な肉食動物や専門的な草食動物になることはできず、いいかえれば、もっと専門的な雑食動物になったのだろうと思われる。

なぜ「専門的な雑食動物」などと強調するかというと、かつて雑食ということは、中途半端であるとか、日和見的であるとか考えられていたからである。肉も食べ、草も食べ、そのときどきで適当にというのが雑食動物であるかのように思われたときもあった。

しかし、そうではない。雑食動物であるためには、それなりの体の構造が必要である。つまり、肉を食べるからには、獲物を捕らえたり殺したりするための鋭い歯も必要である。と同時に、草を食べるには植物をすりつぶす臼歯も必要である。腸の一部には消化しにくい植物体を多少発酵させたりして消化を助けるような部分も必要であったろう。多様な食物に対応してそれなりに適した消化をしなくてはならないだろうから、腸は肉食動物の腸のように短く単純なものではすまない。植物体の消化には肉よりも時間がかかるし、消化しきれない繊維質も多いから、ちゃんと消化・吸収するためには、腸はかなりの長さを必要とした。小腸・大腸を合わせた腸の長さは、人間では体長の五倍から六倍になる。

その結果として人間は、複雑な構造を備えた動物になった。

口には噛み切るための鋭い歯とすりつぶすための平たい歯が、しかるべく配置されている。つまり口の前方には、食物をかみ切るための切歯があり、後ろのほうには平たいすりつぶし用の臼歯が並んでいる。専門的な肉食動物のでもなく、専門的草食動物のでもない。そしてその単なる折衷でもない。これらの歯は、ちゃんと上下がそろってなくてはならず、順番もそろっ

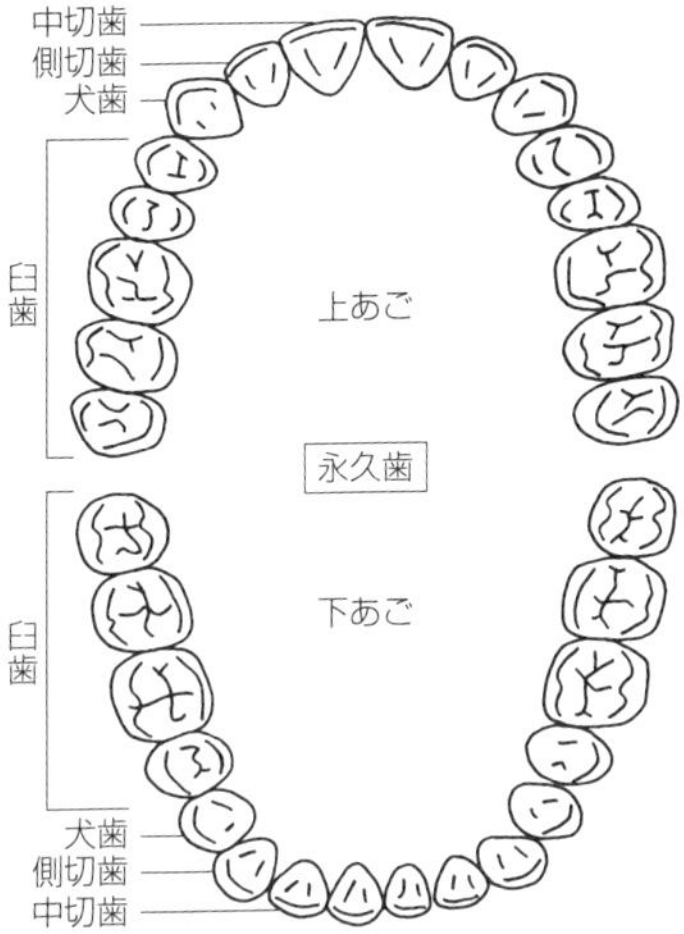

図9　人間の歯

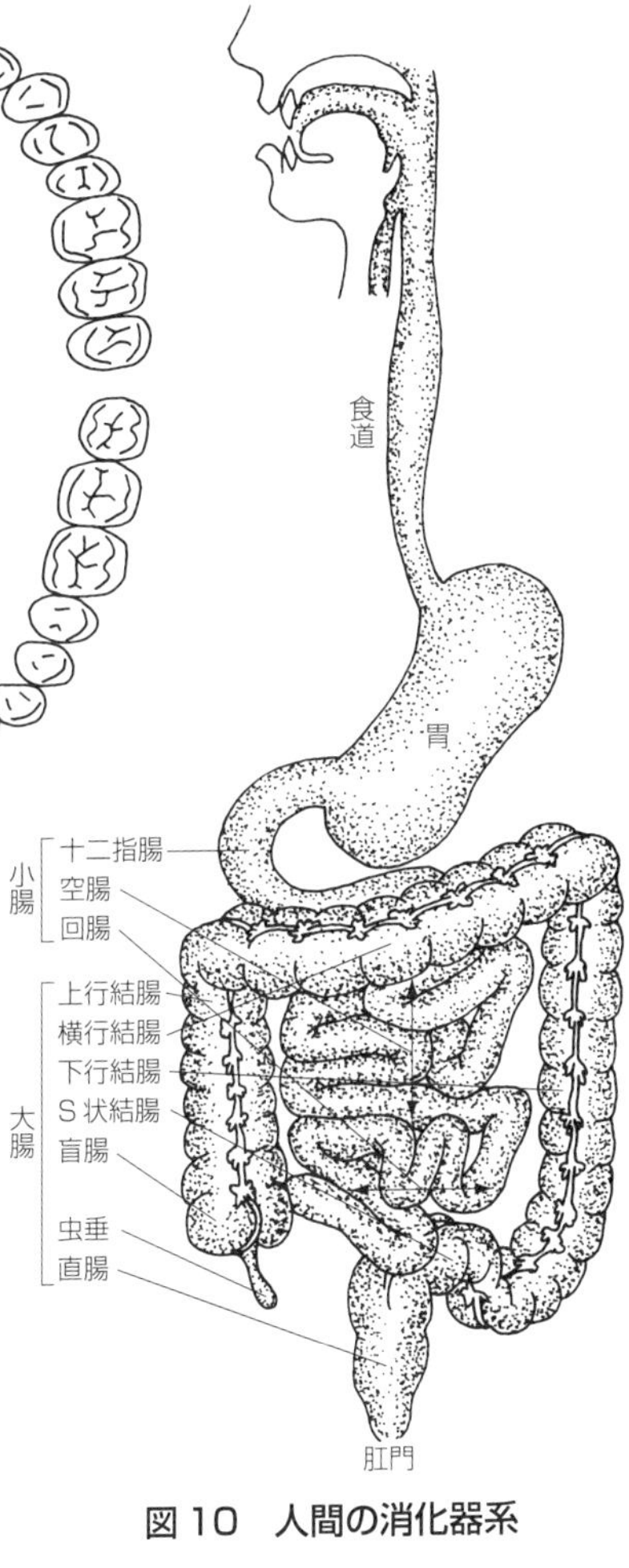

図10　人間の消化器系

てなければ意味をなさない。こういう歯をきちっと並べるのは大変なことであったろうと思われる。しかし、人間はそういう歯をもっている（図9）。

消化器官についても同じことが見られる（図10）。

本来、胃というものは、食べたものを殺したり砕いたりつぶしたりして胃液と混ぜあわせ、一部の物質については大まかな消化をしたうえで、かゆ状になったものを腸へ送る器官である。草食動物のウシはこの胃を徹底的に大改造してしまったが、同じ草食動物のウマは、胃はあまり変えず、消化の機能をもっと後方へ送ってしまった。肉食動物は殻や骨や手や羽毛のある獲物の体という荒っぽい食物をとにかく処理して腸での消化に適したものとし、腸で処理できそうもないものは吐き出すことも考えた。

しかし、胃の本来の機能からいって、雑食動物では植物質の食物の消化は腸に委ねるほかなかった。そのため腸が複雑な働きをすることになるのである。

ひと口に植物質といっても、胃から送られてくるのは草ばかりではない。草の葉あり、茎あり、根あり、根茎あり、塊茎あり、むかごあり、果実あり、キノコありといった具合だ。ときには、そのままでは何ともできぬ種子もある。

このような種々雑多なものに腸がどのように対処しているのか、詳しくはわからないが、極端な雑食動物である人間の腸は何とかしているのだろう。このような腸の機能は、専門的な草食動物の腸にはおそらく備わっていないだろうし、専門的肉食動物では必要もないことだろう。専門的草食動物では重要な発酵消化の場であった盲腸は、たいていの雑食動物では存在はするがあまり大きくない。人間の盲腸もたぶんそこで多少の発酵が行なわれる部分であったと考えられるが、今はとくに消化の機能はないとされている。このような構造は、中途半端というものではなくて、やはり専門的に雑食に向いた雑食動物の体なのである。

雑食は日和見か？

人間がこのように専門的な雑食動物になったというのは、どういうことか。

肉食動物であれば、とにかくほかの動物たちを捕らえて食べる。そしてその肉を食べれば、その肉からすべての栄養がとれるということである。オオカミやライオンやネコが食後にフルーツを食べなければ栄養のバランスがとれず、健康を損なうというようなことはない。彼らは肉だけ食べていれば、すべての栄養がとれるようにできているのである。

一方、専門的な草食動物であるウシやウマは、肉などを食べる必要はまったくない。すべての栄養は食べた草からとっている。しかもその草は、それほどいろいろな種類のものである必要はないのである。せいぜい数種類の草が大量にあれば、それで十分に生きていける。

つまり専門的肉食動物や専門的草食動物にとって、直接に食べる食物という面で見るかぎり、生物多様性はとくに必要ないように思われるのだ。

しかし人間の場合はちがう。人間は雑食動物であるから、じつにさまざまな食物を食べる。まず、哺乳類の肉を食べる。鳥も食べる。爬虫類や両生類を食べる土地もあるし、魚はよく食べる。甲殻類も食べるし、貝、イカ、タコのような軟体動物やクラゲも食べる。昆虫も食べる。そのほかの動物はあまり食べないが時と場所によってはこのかぎりではない。植物の果実、つまり果物はいろんなものを好んで食べる。果物に含まれている種子も食べる。もちろん植物の葉っぱや芽も大量に食べる。根も食べるし、イモとか根茎、塊茎も食べる。ムカゴのような不定芽も食べる。農業はそのために発達した。昆虫にはキノコムシといって、特定のキノコを専門に食べているものがいるが、人間はキノコも食べる。海藻も食べる。

人間のこのような特徴が人間のグルメの基盤になっていることは確かだが、これはグルメというような次元の問題ではない。人間はこのようにさまざまなものを食べることによって、それぞれから少しずついろいろな栄養分をとっている。そして、それによってはじめて、バランスのとれた栄養が保たれるようになっている。昔から言われてきたとおり、「何々という食べものには何々という物質が含まれていて、それがどのような作用をもっていて体によい」のである。

これはテレビが好んでとりあげる美と若さの問題などではけっしてない。われわれ人間が純粋に草食に専門化した動物でもなく、純粋に肉食に専門化した動物でもない、いわば純粋に専門化した雑食動物である以上、これは人類の生存と未来にかかわる生き死にの問題なのである。

もし環境のなかの生物多様性が失われていったらどうなるか？　たとえば単純な草原になって、動物の種類も減り、木々の果実もないという状態になったら、人間はそこで何の苦労もなく生きていけるだろうか。あるいは、人間にはとうてい食べられない刺だらけの植物だけの荒原になって、そのような植物を食物とする動物の肉ばかり食べていかなくてはならない状態になったときに、人間はまともに生きていかれるだろうか？

生物多様性が消滅したときに、人間は食べるものがなくなる。それは量としてあるいはグルメとしてではなく、栄養的なバランスとして健康的な生活ができなくなるということである。

これは開発途上国における栄養失調の問題として、そしてそれとまったく並行して先進富裕国における肥満の問題として、世界的に憂慮される状況となって現れている。そうなったときに、人間は成長ができず、子どもも残せない。つまり人類は滅びることになるのだ。

だから、人間にとって生物多様性は不可欠である。精神的になどという前に、生死にかかわる問題なのだ。つまり、生物多様性がなければ人類は必要な食物を失うので、もはやそれ以上存続できない。ストレートにそう考えてよいのではないだろうか。

これは、きわめて端的に、人間の食べ物ということだけから見たときの、生物多様性に対する考察である。その論拠は人間が本当に専門的な雑食動物であるからということにあった。

食物としての生物多様性

では、雑食ではない動物にとってはどうなるのか？　たとえば、純粋な草食動物であるウシにとって、生物多様性は本当に必要ないのか。純粋な肉食動物であるオオカミやライオンにとっても同じことがいえるのか。単純に考えたら生物多様性はあまり必要ないような気がする。

しかし、たとえば肉食動物にとって、彼ら自身は獲物の動物がいればそれでよいかもしれないが、その動物の食物はどうなるのか？　肉食動物にも大きな動物、小さな動物、いろいろな動物を狩るものがいる。それらの動物のなかには肉食動物もいるし草食動物もいる。その動物たちが食べるいろいろなものがなければならないことは明らかだ。それはいうまでもなく、生物多様性が必要であることを意味している。

草を食べる専門の草食動物の場合には、草がありさえすればよい。そしてその草はしばしば限られた種類のものでよく、さまざまなものを食べねばならぬということは少ない。

それは、たしかにそうかもしれない。しかし、ある草が茂って生えてくるためには、そこに生態系のさまざまな複雑な条件やら生態系内の相互関係があることが今ではよくわかってきている。

種子が落ちて芽が生える前に、動物に食べられてその腸内を通過してくることが必要であるという植物もたくさんある。植物が生えるために動物がいなくてはならないということである。そして生えた芽がちゃんと伸びて成長していくには、そこにある種の菌類がついて、その菌類が栄養を提供するなりという、いろいろなことを介する何らかの共生関係が必要である場合がたくさんある。それらは直接にウシやウマの餌ではないけれど、ウシやウマの餌が生えるためにはそのようなことが必要であるとなると、結局そこで生物多様性というものがどうしても必要になってくるのである。

さらに、純粋の草食動物の典型のようなウシやウマにしても、草だけあればよいのではない。前にも述べたとおり、ウシは反芻胃をもっており、ウマは著しく発達した後腸をもっていて、それぞれそこに共生微生物を住まわせており、この共生微生物が草を消化してウシの栄養を確保することになっている。

ウシやウマはこの共生微生物をどこからどうして手に入れたのであろうか？　そのような共生微生物はいつ、どのようにして生じたのであろうか？　もしかすると、ウシが何も知らない昔に地球上の生物多様性の成り行きとして生じていて、たまたまウシがそれを利用することになったのかもしれない。

草だけでなく、菌類が必要である。微生物が必要である。その微生物が生きていくには、おそらくまたほかの微生物が必要であろう。

そのように考えていくと生物多様性ということは、結局すべての生き物が生きていくために、網目のようになって必要になっているものなのである。それを「生態系の安定」ということもできようが、重要なのは生態系というシステムではなくて、個々の生物なのではないだろうか。人間にとって生物多様性が必要かどうかということがすぐ議論になるので、ここではこのような例を考えてみた。その結論は要するに、「食物という単純なことだけから考えても」、生物多様性がなくなったら人類は滅びるほかないということである。

◉参考文献

遠藤秀紀　二〇〇一『アニマルサイエンス　二　ウシの動物学』東京大学出版会。

近藤誠司　二〇〇一『アニマルサイエンス　一　ウマの動物学』東京大学出版会。

林　良博監修　二〇〇三『イラストでみる猫学』講談社。

エコソフィア
B５／並製巻表紙／各1575円

全20号。好評発売中。

生き物文化誌　ビオストーリー
菊判変型／並製／各1575円

第１～10号まで好評発売中。
第11号以後については、生き物文化誌学会にお問い合わせ下さい。

宗教哲学研究　No. 24～27
年１回／A５／並製／各2520円

家庭フォーラム
日本家庭教育学会編／年２回／A５／並製／各500円

第18号 特集：**敬語のしくみ、つかい方**
第19号 特集：**親学とは何か？**
第20号 特集：**おうちで食べよ～家庭で学ぶ食育**

日本の哲学
日本哲学史フォーラム編／年１回／A５／並製／各1890円

①特集：**西田哲学研究の現在**　②特集：**構想力／想像力**
③特集：**生命**　④特集：**言葉、あるいは翻訳**　⑤特集：**無／空**
⑥特集：**自己・他者・間柄**　⑦特集：**経験**　⑧特集：**明治の哲学**
⑨特集：**大正の哲学**

人と水
人と水編集委員会編／年２回／B５／並製／各500円

①特集：**水と身体**　②特集：**水と社会**　③特集：**水と生業**
④特集：**水と地球環境**　⑤特集：**水と風景**　⑥特集：**水と動物**

地域研究
地域研究コンソーシアム／年２回／A５／並製／各2520円

Vol. 8　No. 1：**リージョナリズムの現在――国民国家の内と外で**　ほか
Vol. 9　No. 1：**アフリカ――〈希望の大陸〉のゆくえ**

月刊　農業と経済
A5／並製／100頁／860円（2010年4月号より）／毎月11日発

2010年１・２月合併号：**政権交代は農政を変える!?**（960円）
３月号：**北東アジアの食と農**――日韓中台連携の可能性を探る（780円）
４月号：**農政の地方分権を興す**（860円）
2010年１月臨時増刊号：**新基本計画の論点と農政改革の方向**（1700円
2010年４月臨時増刊号：**食は誰のものか？**
――錯綜する世界のフードポリティクス（1700

農協の存在意義と新しい展開方向—他律的改革への決別と新提言　小池恒男編著
ISBN978-4-8122-0856-4／Ａ５／上製／368頁／2940円

イギリス自然葬地とランドスケープ—〈場所性〉の創出とデザイン　武田史朗著
ISBN978-4-8122-0838-0／Ａ５／上製／272頁／4410円

地域発！ストップ温暖化ハンドブック—戦略的政策形成のすすめ
水谷洋一・大島堅一・酒井正治編
ISBN978-4-8122-0757-4／Ｂ５／並製／160頁／2940円

食卓から地球環境がみえる—食と農の持続可能性　湯本貴和編
ISBN978-4-8122-0813-7／四六／上製／176頁／2310円

黄河断流—中国巨大河川をめぐる水と環境問題　福嶌義宏著
ISBN978-4-8122-0775-8／四六／上製／208頁／2415円

医学関連

改訂新版　産業医のための精神科医との連携ハンドブック　中村純・吉村玲児・和田攻監修
ISBN978-4-8122-0904-2／四六／並製／160頁／1575円

職場のメンタルヘルス対策最前線　中村純著
ISBN978-4-8122-0859-5／四六／並製／232頁／1785円

よくわかる排尿トラブルの対処法—最新の診断と治療　三木恒治・中尾昌宏編
ISBN978-4-8122-0823-6／Ａ５／並製／144頁／1890円

公衆衛生学入門第2版—社会・環境と健康　内藤通孝編
ISBN978-4-8122-0729-1／Ｂ５／並製／204頁／2520円

あなたを守る最新がん治療全ガイド
高橋利忠・加藤知行 監修／愛知県がんセンター中央病院編
ISBN978-4-8122-0713-0／Ａ５／並製／346頁／1995円

芸術・美術関連

憶表現論　笠原一人・寺田匡宏編
ISBN978-4-8122-0866-3／四六／上製／カラー口絵４頁＋304頁／3990円

形デザインのための注意のスイッチ—観察・思考・創案にむけて　吉原直彦著
ISBN978-4-8122-0852-6／Ａ５／並製／208頁／2730円

楽する身体—〈わたし〉へと広がる響き　山田陽一編
ISBN978-4-8122-0845-8／Ａ５／上製／296頁／3570円

信のこころ—花と禅　文・大橋良介／いけばな・珠寶
ISBN978-4-8122-0938-7／菊判変形／並製／144頁／1890円

哲学・思想・倫理

スピノザの形而上学 松田克進著
ISBN978-4-8122-0936-3／A５／上製／320頁／6300円

デカルトの運動論—数学・自然学・形而上学 武田裕紀著
ISBN978-4-8122-0926-4／A５／上製／212頁／4200円

田辺哲学と京都学派—認識と生 細谷昌志著
ISBN978-4-8122-0828-1／A５／上製／216頁／4200円

感情とクオリアの謎 美濃正他編
ISBN978-4-8122-0808-3／A５／並製／282頁／2625円

教育・心理・社会・民俗

教職概論 武安宥・角本尚紀編
ISBN978-4-8122-0914-1／A５／並製／224頁／2310円

教育法規スタートアップ—教育行政･政策入門 高見茂・開沼太郎編
ISBN978-4-8122-0841-0／A５／並製／288頁／2310円

戦争と家族—広島原爆被害研究 新田光子編
ISBN978-4-8122-0923-3／A５／並製／144頁／2310円

京阪神都市圏の重層的なりたち—ユニバーサル･ナショナル･ローカル
浅野慎一･岩崎信彦･西村雄郎編
ISBN978-4-8122-0854-0／A５／上製／624頁／8925円

遊びの人類学ことはじめ—フィールドで出会った〈子ども〉たち 亀井伸孝編
ISBN978-4-8122-0935-6／四六／並製／224頁／2520円

裁判員と「犯罪報道の犯罪」 浅野健一著
ISBN978-4-8122-0939-4／A５／並製／352頁／2415円

フィールドワークからの国際協力 荒木徹也・井上真編
ISBN978-4-8122-0917-2／A５／並製／296頁／2625円

意識と存在の社会学—P.A.ソローキンの統合主義の思想 吉野浩司著
ISBN978-4-8122-0928-8／A５／上製／292頁／3990円

教師をはぐくむ—地方大学の挑戦 佐長健司他編
ISBN978-4-8122-0867-0／A５／並製／216頁／2520円

教育課程—これから求められるカリキュラム開発力 石村卓也
ISBN978-4-8122-0910-3／A５／並製／304頁／2310

教員免許更新講習テキスト—教育現場のための理論と実践
日本教育大学院大学監修／河上亮一・高見茂・出口英樹
ISBN978-4-8122-0941-7／B５／並製／264頁／252

第3章 遺伝子からみた多様性と人間の特徴

川本　芳

遺伝的多様性

■遺伝的多様性とは何か

ひとくちに生物多様性といっても、いくつかのちがった意味がある。生態系の多様性や、さまざまな生物の種の多様性といった視点とは別に、遺伝子の多様性というものを考えてみることができる。遺伝子からみた場合、生物多様性についてどういう視点が出てくるだろうか?

いうまでもなく、生物は外界と隔てられた個として生まれ、栄養をとって成長し、子孫を残し、そして死んでゆく。細胞を単位に体の形がつくられ、いろいろな動きや働きをもつ部分が分かれ、ある定まりにしたがって生きていく。生物の形やふるまいのような基本設計を仮にプログラムと呼ぶことにすれば、そのプログラムは遺伝子を基礎として組み立てられており、それが世代を超えて受け継がれてゆく。遺伝的多様性とは、このプログラムにおける情報のちがいを意味しているのである。

多様性をうみだす遺伝的背景

遺伝子の情報はDNAに書き込まれている。生物がもつ遺伝情報全体のことをゲノムと呼ぶが、よく知られているとおり、遺伝情報は四種類の塩基、つまりアデニン（A）、チミン（T）、グアニン（G）、シトシン（C）でなりたっている。ゲノム中にはタンパク質など生命活動に不可欠な物質について、どんな種類を、いつ、どこで、どれくらい、つくるかということを指示する情報単位がたくさんある。「遺伝子」というのは、この単位のことである。

遺伝の基本情報を読み解く研究は二〇世紀末から発展し、すでに人間を含む何種類かの生物で何個の遺伝子があるかわかっている（表1）。人間については、二〇〇三年四月にその概要の解読が終り、約三万二千個の遺伝子があることが明らかになった。また、さらにくわしい最近の研究から、このなかでタンパク質合成のもとになる情報遺伝子は二万から二万五千個であることもわかってきた。これは想像されていたのよりも、はるかに少ない数であった。

種によって遺伝子の数はちがっているが、表1でみると一万三千から三万二千くらいの幅のなかにあることがわかる。人間に近い哺乳類ではネズミの仲間（マウスとラット）が二万個あまりである。このように意外に少ない数の遺伝子で、ネズミと人間、ハエと人間のちがいが生まれるのであろうが、しかし遺伝子というものの定義からすれば、遺伝的多様性はこの程度の部品のちがいを背景に生まれてくるのだと考えるほかはない。

ここで問題になるのは、いま述べた遺伝子の「数」というのが、たんに異なる遺伝子の数ということではなく、機能的にみた遺伝子の「種類」の数を意味していることである。

同じひとつの「種類」の遺伝子でも、いわゆる突然変異によってその性質は変化する。たとえば「髪の色を決める」という種類の遺伝子でも、それが現す髪の色はさまざまである。黒い色素を大量につくらせるので黒髪になることもあれば、ごくわずかの色素しかつくらせないのでブロンドになることもあろう。黒髪にするかブロンドにするかは遺伝子の「種類」だけのちがいでなく、髪の色を決めるという同じ「種類」の遺伝子の「タイプのちがい」でも起こる。そして、突然変異によってタイプが決まり、いったんあるタイプになったら、次に突然変異が起こるまで変化しない。

遺伝子の種類を知るひとつの手がかりは、その遺伝子がどの染色体のどの位置にあるかということである。そして、そ

表1　ゲノム解読からわかった遺伝子数

動物の種類	遺伝子数
人間	31,778
マウス（ハツカネズミ）	22,011
ラット（ドブネズミ）	20,973
フグ	31,059
ホヤ	15,852
ショウジョウバエ	13,601
ハマダラカ	13,683
線虫（*C. elegans*）	19,099

れがどのタイプのものかは発現してきた特徴によってわかる。

いったん突然変異によってあるタイプになってしまった遺伝子は、代々そのまま受け継がれていくから、これが個体による特徴の多様性をうみだす。同じ人間という動物でありながら、じつにさまざまな人がいるのは、そのためである。

もし、ある種類の遺伝子に二つのタイプがあり、それをAとBとすると、両親からもらうその遺伝子のタイプによって、子のもつ遺伝子の組み合わせはAA、AB、BBの三通りになる。三万二千種類ある人間の遺伝子のうち、仮に二〇〇種類の遺伝子だけに二つのタイプがあるとすると、三通りの組み合わせがさらに二〇〇種類の分だけ相乗的にからみあうことになり、個人的なちがいとしては三の二〇〇乗、つまり一〇の九五乗通りにまで達する。この数は有史以来の人間の全人口を超えているので、同じ遺伝子をもつ人間はいないという話になるのである。

遺伝子の組み合わせの変化——有性生殖

同じ種の動物でありながら、個体によって遺伝的なちがいが生じる原因として、もうひとつ大事なことは、遺伝子の組み合わせの問題である。

だれでも知っているとおり、ほとんどすべての生物は、いわゆる有性生殖を行なっている。つまり雌と雄の両性があり、子孫を残すためには両性の間で受精が起こらねばならない。

生物が生き残っていくのは遺伝子が生き残って殖えていくということだとする現代の考え方からすると、この「受精」というやり方はけっして得策ではないように思われる。クローンで子孫をつくっていくほうが、よほど手っ取り早いだろうし、遺伝子はそのままそっくり殖えていくはずだからである。

けれど自然が有性生殖に固執しているのは、受精によって遺伝子の組み合わせを変化させ、生まれてくる子孫の遺伝的多様性を増やすことによって、病気その他の危険に対して少しでも抵抗性を高めるためであるとされている。

有性生殖という繁殖システムは、個体の遺伝的多様性を飛躍的に増やすからくりである。卵や精子をつくるとき、生物の体のなかでは遺伝子の組換えが起きる。繁殖のためにつくられる卵や精子は特別な細胞である。体にあるふつうの細胞は、両親からもらった遺伝子のセットでできている。しかし、生殖細胞をつくるときには、遺伝子セットを半分にするような特殊な細胞分裂が起きる。減数分裂と呼ばれるこの分裂のとき、体細胞を増やすときの分裂では起きない染色体のあいだでの遺伝子交換が起こる。組換えと呼ばれるこの現象によって、染色体の間でパーツ交換が起こり、その結果、子孫に伝わる遺伝子セットの内容が変化するのである。

このようなしくみをもつ有性生殖の結果、親とはちがった遺伝子の組み合わせをもつ子孫が生じていき、環境の変化や病気によって、それこそ一網打尽になる危険から逃れうる遺伝的多様性を保障する「努力」がなされてきたのである。

多くの生物が何万年、何十万年と生き残ってこられたのは、ひとつの種のなかにおける個体の遺伝的多様性のおかげであった。それを実現してきたひとつは突然変異による遺伝子タイプの多様化であり、もうひとつは有性生殖による遺伝子タイプの混ぜ合わせであった。

次節では、話題をかえて人間の問題を考える。遺伝子の多様性からみた人間の特性を説明し、地球上の多様な環境に適応した人間が他の生物とは特異な存在であることについて述べる。

遺伝的多様性からみた人間の特性

■霊長類としての人間の位置

人間は霊長類の一種である。現生の霊長類は約二〇〇種いる。分類の細分化で最近はさらに多くの種に分けられることもある。人間に近縁な霊長類は類人猿と呼ばれるグループで、小型のテナガザル類を除いた大型類人猿が人間にとって進化の隣人の位置を占めている。最近の系統研究、とくにDNAなどの分子をしらべる分子系統学の発展により、人間にもっとも近い類人猿はチンパンジー（厳密にいえば、チンパンジーとボノボ）であることがわかってきた。

■大型類人猿

大型類人猿の生息地はアフリカとアジアに分かれている。アフリカにはチンパンジー、ボノボ（別名はピグミーチンパンジーあるいはビーリャ）と、ゴリラ、アジアにはオランウータンが分布する（表2）。それぞれをいくつの亜種に分けるかは意見が定まらないところだが、表2にはその一例を示した。いずれの類人猿も、人間にくらべると分布が赤道付近の熱帯林地域に限られている。表に示した個体数の推定値からわかるように、絶滅が危ぶまれるほど現存数が少ない。染色体数はいずれの大型類人猿も四八本で、人間の四六本より二本多い。人間との系統関係は図１ｂに示したような関係だと考えられている。かつては図１ａのようだと思われていた。やはり人間は独自なものだと思いたかったのであろう。

大型類人猿の種の間には形態的な特徴だけでなく、生態、社会構造、行動などにも顕著なちがいがみられる。チンパンジーやボノボはオスの血縁個体を核とする父系の複雄複雌のグループをつくる。ゴリラはシルバーバックと呼ばれる成体オスを中心とした単雄複雌のグループをつくる。また、オランウータンは単独生活を基本として一時的に雌雄のペアをつくる。一方、地上を歩くときにはどの類人猿もナックルウォーキングとよばれる前肢の指の背面を地面につけて支える特徴的な移動様式（ロコモーションパターン）を行なう。

の分布と生息個体数

ヒガシゴリラ（*Gorilla beringei*）
亜種　*G. b. beringei*
生息地：ウガンダ、ルワンダ、コンゴ民主共和国
生息個体数： 約 700（WWF, 2004）
亜種　*G. b. graueri*
生息地：コンゴ民主共和国
生息個体数：約 16,000 （WWF, 2004）
ボルネオオランウータン（*Pongo pygmaeus*）
亜種　*P. p. pygmaeus*
生息地：ボルネオ島北西部（インドネシア、マレーシア） バリト川からサラワクまで
生息個体数：他亜種との合計で約 39,000（WWF, 2004）
亜種　*P. p. wurmbii*
生息地：ボルネオ島南西部（インドネシア） カプス川とバリト川の間
生息個体数：他亜種との合計で約 39,000（WWF, 2004）
亜種　*P. p. morio*
生息地：ボルネオ島東部～北部（インドネシア、マレーシア） サバからマハカム川まで
生息個体数：他亜種との合計で約 39,000（WWF, 2004）
スマトラオランウータン（*Pongo abelii*）
生息地：スマトラ島（インドネシア）
生息個体数：7,500（WWF, 2004）

（注2）ミトコンドリア遺伝子変異から Gonder *et al.*（1997）が予想した新しい亜種。

表２　人間と大型類人猿

人間（*Homo sapiens*）
生息地：全世界
生息個体数：6,378,000,000 （UN, 2004）
チンパンジー（*Pan troglodytes*）
亜種　*P. t. troglodytes*
生息地：アンゴラ、カメルーン、中央アフリカ、コンゴ、コンゴ民主共和国、赤道ギニア、ガボン
生息個体数：47,000 ～ 78,000 （WWF, 2004）
亜種　*P. t. verus*
生息地：ブルキナファソ、ベナン、コートジボアール、ガンビア、ガーナ、ギニア、ギニアビサ、リベリア、マリ、セネガル、シエラレオネ、トーゴ、ナイジェリア（？）
生息個体数：21,000 ～ 55,000 （WWF, 2004）
亜種　*P. t. schweinfurthii*
生息地：ブルンジ、中央アフリカ、コンゴ民主共和国、ルワンダ、スーダン、タンザニア、ウガンダ
生息個体数：14,000 （Gagneux, 2002）
亜種　*P. t. vellerosus*(2)
生息地：ナイジェリア、カメルーン
生息個体数：不明
ボノボ（*Pan paniscus*）
生息地：コンゴ民主共和国
生息個体数：50,000 以下（Butyinski , 2001； 古市 , 2004； WWF, 2004）
ニシゴリラ（*Gorilla gorilla*）
亜種　*G. g. gorilla*
生息地：アンゴラ、カメルーン、中央アフリカ、コンゴ、コンゴ民主共和国、赤道ギニア、ガボン
生息個体数：約 94,500 （WWF, 2004）
亜種　*G. g. diehli*
生息地：ナイジェリア、カメルーン
生息個体数：250 以上（WWF, 2004）

（注 1）分類は Groves（2001）にしたがった。この分類ではゴリラとオランウータンはそれぞれ２種に区別されている。

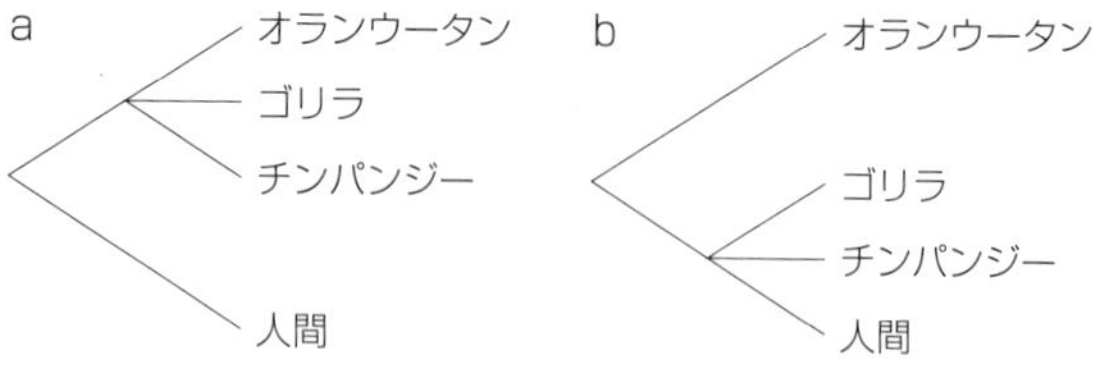

図１　人間と類人猿の関係をあらわす図

（注）ａは人間を類人猿と区別するときの分類図。ｂは生物学的な系統関係をあらわす図。

けれど、これら類人猿とは対象的に、人間は地球全域に分布しており、赤道から極地に、そして低地から高地、高熱地から極寒地までのさまざまな環境に定着している。その個体数も段ちがいに多い。個体数を種としての繁栄とみるなら、明らかに人間は群をぬいて成功しているわけだが、遺伝的多様性についてみたら、どうなのであろうか。

七六頁で述べたとおり、人間のゲノムが解読された。これは人間の遺伝的多様性を示すものではなく、人間がもつ遺伝子の種類を明らかにしたものにすぎない。このゲノムのどこに人間が人間たるゆえんを決めている部分があるか、その答えを探すために、現在チンパンジーや他の霊長類についてゲノムの解読作業が進んでいる。人間の遺伝子は、人間にもっとも近縁なチンパンジーと、どれくらいちがっているのだろうか。すでに比較研究がさまざまな遺伝子で報告されているが、その多くの研究は差は予想外に少ないという結論を出している。

人間化の道で特殊化した遺伝子を直接に証明しようとする試

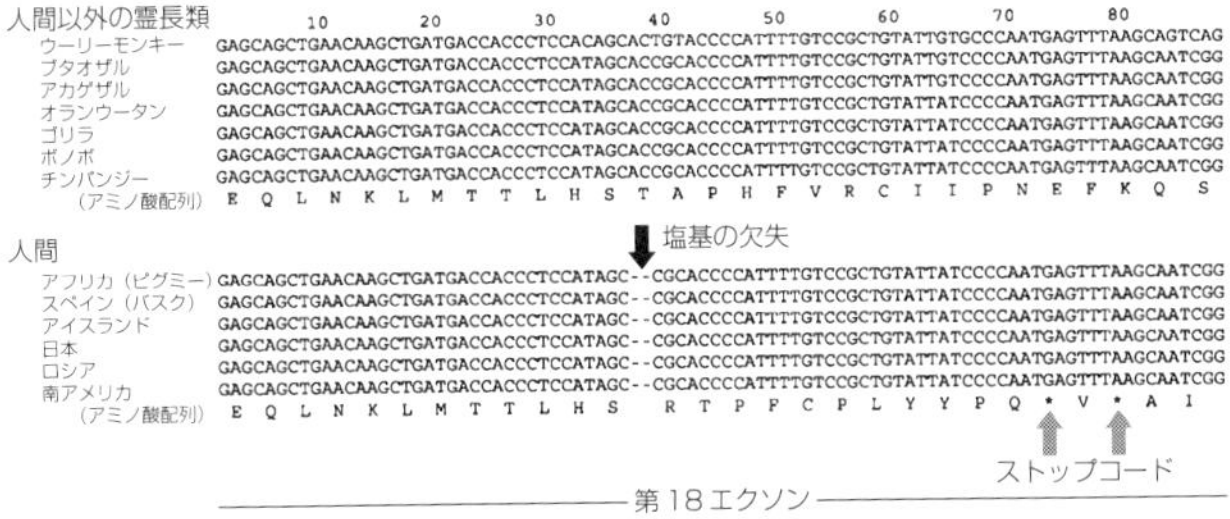

図2　ミオシンタンパク質遺伝子にみられる人間と他の霊長類のちがい

(出典) Stedman *et al*. 2004.

(注) ミオシンH鎖の第18エクソンに、人間に特異的な塩基の欠失(黒色の矢印)がある。この突然変異の影響で、アミノ酸の翻訳が正常にできなくなり、翻訳停止の暗号(灰色の矢印)に変化している。

みのなかには、チンパンジーや他の大型類人猿との遺伝子構造のちがいの発見に成功したが、それが機能的にどういうちがいをもつか、進化上どういう意義があるか、まだよくわからないものもある。いろいろな事例のなかで、構造のちがいのもつ意味が理解できる例を、ひとつだけ紹介しておこう。

それは、ものを食べるときに使う筋肉に関係する例である。咀嚼筋をつくっているミオシンというタンパク質の部品としてミオシンH鎖というタンパク質がある。ミオシンタンパク質をプログラムする遺伝子はエクソンと呼ばれる多数の部分情報に分けられた形で染色体におさまっているが、最近の研究によって、この部分情報のひとつである第一八エクソンというのが現代人では壊れて働かなくなっていることがわかった(Stedman *et al*.

2004）（図2）。類人猿ではこの遺伝子全体が正常に働いて十分な筋肉ができるのに、人間ではミオシンH鎖をつくる遺伝子の一部が正常に働かなくなったため、咀嚼筋が小さくなるような変化が筋繊維に起こっていることがわかったのである。人間の系統のどこかで突然変異が起こり、そのタイプが現代人に広がって固定してしまったらしい。

分子の分岐年代推定からこの変化は二四〇万年前に起きたと推定された。これはちょうど猿人から人類の祖先である原人がうまれたあとの時期にあたる。原人の初期段階において人間に特徴的な形質が突然変異で生じた証拠だと考えられている。

■ゲノム研究の展開

いま紹介したような研究はタンパク質やリボソームなど、生物体をつくる基本パーツや生命活動を維持するのに重要な分子の設計図に相当する遺伝子をくらべたものだが、そのほかの遺伝子を含むゲノムＤＮＡレベルでは人間とチンパンジーのちがいは一～二パーセントにすぎない。この値は、形態をはじめとして表面的に認められる人間とチンパンジーの差にくらべてあまりにも低すぎると思われてきた。

二〇〇四年五月に、チンパンジーの第二二染色体（人間の第二一染色体に対応する小さい染色体のひとつ）で大部分の解読がおわり、結果が発表された。人間とチンパンジーのＤＮＡをゲノムレベルで大量にくらべた、はじめての研究成果である。この結果は、これまでとちがう内容を示した。細かい話だが、少しくわしく説明する。

ＤＮＡレベルのちがいをみるのに、これまでの研究の多くは働いている遺伝子とその周辺部分をくらべていた。染色体のなかにはどちらか一方の種だけに存在するとか、どちらかの種では欠けているというような部分がある。チンパンジーの第二二染色体にも、人間の第二一染色体にも存在する部分だけをくらべてみたら、遺伝子情報となる塩基配列のちがいは一・四四パーセントしかなかった。しかし、染色体全体の中身をしらべると、外からＤＮＡが飛び込んでいたり、もともとあったＤＮＡが抜け落ちてなくなってしまっていたりする部分が大量にあることがわかってきた。そして、これが原因で、塩基配列ではわずかしかちがいがないのに、タンパク質の構造や働きに変化が起きていることが発見されたのである。

ＤＮＡが入ってきたり欠けたりする原因は、レトロトランスポゾンと呼ばれる外来性のＤＮＡにある。レトロトランスポゾンとは、転移する遺伝因子で、ＲＮＡを中間体にして染色体上の位置を変えることができる。ゲノムのなかには繰り返しの多い塩基配列が多いことは、人間のゲノムが解読されたときから指摘されていた。このような同じ塩基配列の反復が起こる原因は、上述した転移因子にある。その結果、ゲノムのさまざまな場所にこのような反復が生じてしまう。

これらは散在性反復配列と呼ばれており、これまでのDNA研究では基本情報としての価値の乏しい存在だと考えられてきた。

散在性反復配列は構造の特徴から細かくタイプ分けされているが、人間の第二一染色体やチンパンジーの第二二染色体の配列には、このうちの特定タイプのものが多数挿入されたり欠失したりしており、とくに人間では大きさが三〇〇塩基くらいのものの挿入がたくさん見つかった（図3）。

チンパンジーの第二二染色体にある二三一個の遺伝子を、対応する人間の第二一染色体の遺伝子とくらべたところ、長さが同じものが一七九個で、残りの五二個では全長がちがうことがわかった。そして、そのうち四七個では、その遺伝子情報の翻訳によって生じるタンパク質の構造の変化が認められた。原因は、情報のもとになるDNA塩基配列のなかに挿入・欠失や翻訳をストップする情報変化が起きているため、結果的にアミノ酸が増えたり、減ったり、もしくはフレームシフトと呼ばれる読みかえが起きていたためであった。情報としての価値が低いと思われていた部分の影響に注目が集まりはじめ、他の染色体についても大きな関心がもたれている。

いずれにせよ、これは、人間とチンパンジーという「種」のちがいに関する問題であった。研究はいろいろと進められているが、これが人間を決める遺伝子、これがチンパンジーを決め

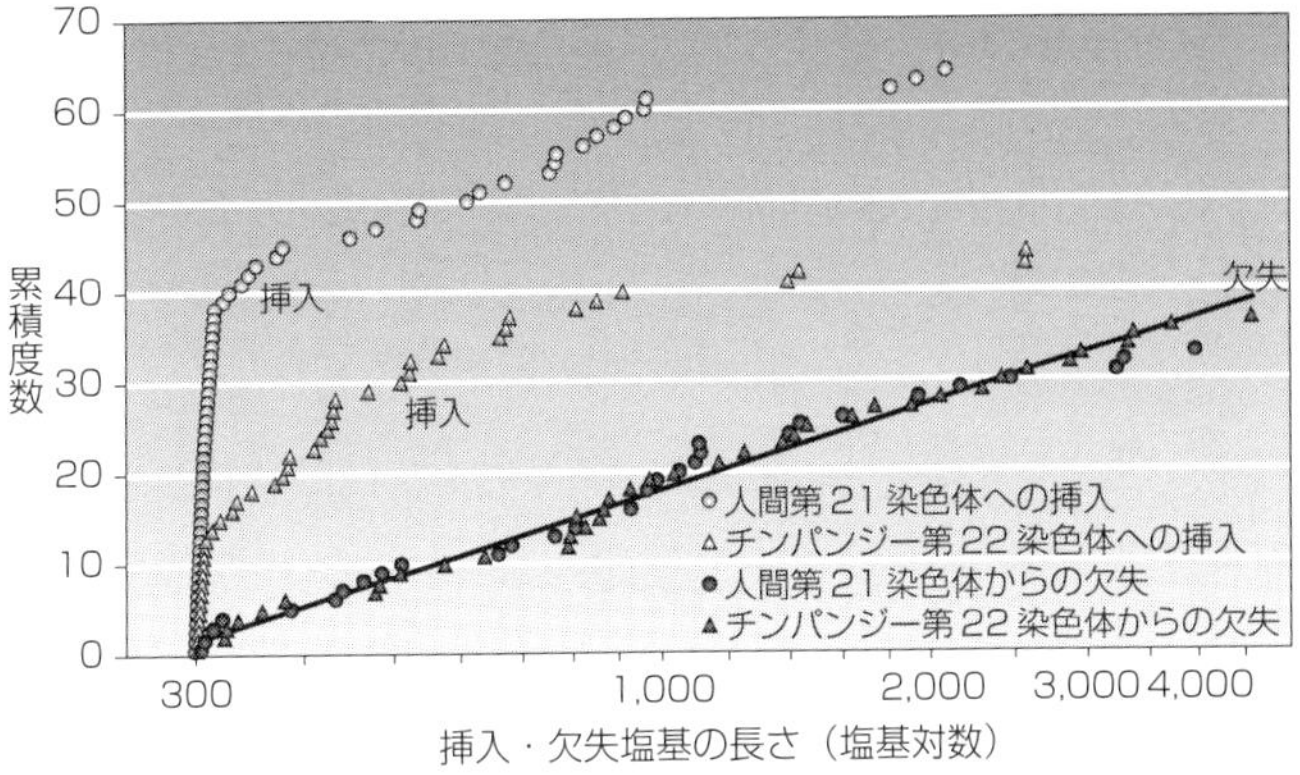

図3　チンパンジーの第22染色体の塩基配列を解読した結果

（注）チンパンジーの第22染色体（人間の第21染色体に対応する染色体）、短い反復性配列の挿入・欠失が多数みつかった（International Chimpanzee Chromosome 22 Consortium 2004）。人間からの欠失やチンパンジーからの欠失は似たようなサイズ分布の特徴を示す。一方、挿入では特徴にちがいがあり、人間への挿入は約300塩基の配列が多数あるため、累積度数の上昇がチンパンジーへの挿入にみられる上昇より急激になっている。

る遺伝子というものは、簡単に見つからない。

しかし、「種」という点では人間とチンパンジーは明らかにちがう。ほかの動物でも「種」のちがいというのは、そのようなものである。イヌには、たくさんの、じつにさまざまな品種があるが、彼ら同士はお互いにイヌでありネコではないと認知していると考えられる。

種を決める遺伝的基盤には不明なことが多いが、遺伝子の多様性をともなうということは疑いようがない。

人間と類人猿の遺伝的多様性のちがい

人間と大型類人猿との種のちがいという問題はさておくとして、それぞれにおける個体差に現れる遺伝的多様性の問題にうつろう。

現代人の集団が示す遺伝的多様性は、人類遺伝学の分野を中心にさかんに研究されている。一方、アフリカやアジアの熱帯林に暮らす大型類人猿たちの遺伝的多様性の情報は乏しかった。しかし、近年の霊長類学研究の発展により少しずつだがこうした情報がわかってきた。そして、人間と類人猿の際立ったちがいがしだいに見えてきたのである。

ここでは、ミトコンドリア遺伝子とX染色体遺伝子の研究例をとりあげる（図4）。野生の大型類人猿集団の遺伝的多様性を測るには、個体ごとに遺伝子の構成をしらべて多数の試料を分析する必要がある。種内変異の幅を種間変異とくらべるスタイルである。

図4ａは、細胞質にある小器官ミトコンドリアの遺伝子配列の一部（突然変異がとくに起こりやすい部分の約四〇〇塩基を解読）をくらべ、個体のもつタイプごとに配列の類似性から近縁関係をまとめた結果である。試料の数はくらべた種によって偏りがあるが、いくつかの傾向が読みとれる。

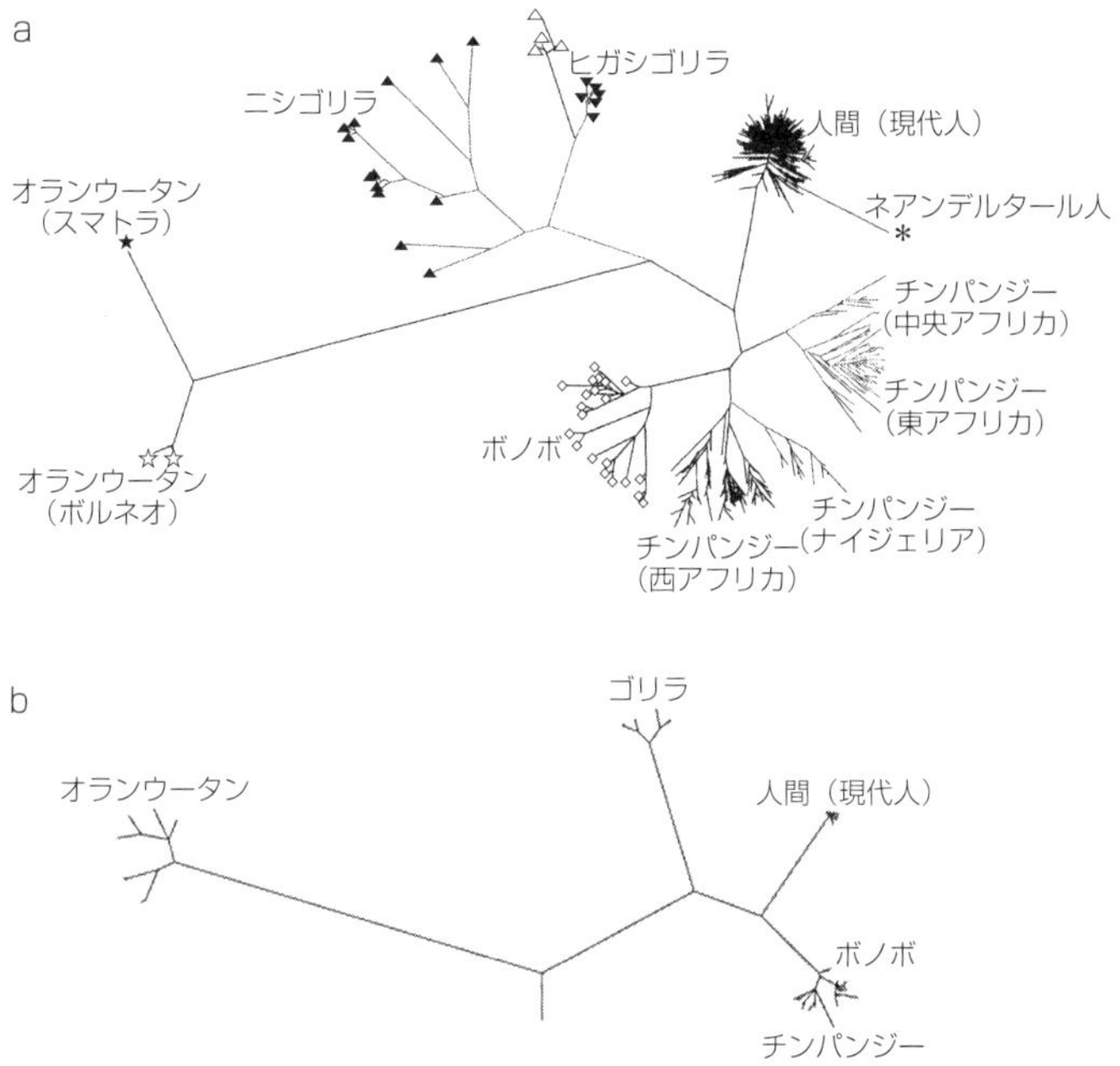

図４　DNA 塩基配列の個体変異にみられる多様性

（注）a はミトコンドリア遺伝子の多様性について、人間と大型類人猿をくらべた結果（Gagneux *et al.*, 1999）。人間（現代人）の外にあるアステリスク（＊）は化石 DNA の配列にもとづくネアンデルタール人（旧人）を示す。くらべた配列は突然変異が起こりやすい可変域の一部で長さは約 400 塩基。試料数は、人間 811、チンパンジーは 291（東アフリカ 154、中央アフリカ 24、ナイジェリア 15、西アフリカ 98）、ボノボは 24、ゴリラは 26（ヒガシゴリラ 11、ニシゴリラ 15）、オランウータンは 3（スマトラ 1、ボルネオ 2）。
b は X 染色体の DNA 塩基配列をくらべた結果（Kaessmann *et al.* 2001）。くらべた配列は X 染色体長腕のなにもコードしていない約 10,000 塩基。試料数は、人間 70、チンパンジーは 30（東アフリカ 1、中央アフリカ 12、西アフリカ 17）、ボノボは 5、ゴリラは 11（ヒガシゴリラ 1、ニシゴリラ 10）、オランウータンは 14（スマトラ 6、ボルネオ 8）。

はじめに種内の遺伝的多様性の大小に注目すると、人間の多様性が著しく小さいことに気づく。これは、図に示されている枝の長さ、枝の分かれ方を種間でくらべてみればわかる。しらべられた人間は八一一人だが、世界各地を代表しており、人間の分布する地域全体を反映した遺伝的多様性が示されているといえる。一見してわかるとおり、データはごく狭い部分にまとまっている。

一方、大型類人猿たちは、熱帯のかぎられた場所にしか生息していないにもかかわらず、遺伝子タイプにばらつきがきわめて大きい。つまり遺伝的多様性が大きいということである。

つぎに、種内の遺伝的多様性の幅を種間のちがいとくらべてみると、分子系統研究の結果に矛盾なく、人間に近縁なのはチンパンジーたちで、ゴリラやオランウータンはさらにその外側になる。また、類人猿ごとに地域差や亜種で区別されることのあるグループ（表2）をくらべると、個体差の幅は人間を上回るものの、はっきりした地域差や亜種差が認められる。

この図には一例だけだが、ネアンデルタール人（旧人）の化石DNAの配列情報（Krings *et al.* 1997）が入っている。ネアンデルタール人は現代人の集まりの外にあるので、旧人は新人（現代人）の傍系になるといえるだろう。

いずれにせよ、この結果だけからでも、人間の個体差に関する遺伝的多様性が類人猿とくらべて低いことがわかる。地球全域に拡大し多様な環境に定住する人間は、アフリカやアジアの森に封じ込まれたように暮らす類人猿たちより遺伝的多様性が乏しいのである。もし種としての繁栄は遺伝的多様性とは関係しないということになれば、人間は生物として特異な存在なのであろうか。

人口が多いのに類人猿より遺伝的多様性が低いという現代人集団の特徴の原因をどう考えたらよいか。また、身体特徴や言語、文化のちがいとこの特徴はどういう関係にあるのだろうか。

類人猿より遺伝的多様性が低いという原因は、まさに人間の進化プロセスの特異性にあると考えられる。人間が進化的にみればごく短期間で広域に拡大できたことは、遺伝的多様性だけでは説明できない。

人間に特異な進化プロセスとは何か？　それは、いうまでもなく人間がみずからの遺伝子を大きく変えることなしでも周囲の環境に適応し、それを利用したり変えたりしながら進化してきたというプロセスである。地球上のほかの生物とは異なる生き方を身につけたことが、アフリカの熱帯を起点に、爆発的に地球全体に分布を拡大した原動力であったのだろう。けれど、遺伝的多様性が他の生物より低いことを強調しすぎると誤解をまねくこともあるので、もう少し説明をくわえよう。

人種集団や地域集団のちがいをしらべた結果では、全体に占める集団間のちがいは小さい。しかし、いわゆる人種を特徴づける皮膚の色や体格などの身体特徴を決めることには当然遺伝子が関係している。したがって、一部の遺伝子では地域的なちがいや、生息環境のちがいを反映した変化は認められるのである。問題はそういう変化が、人間がもつ遺伝子情報全体のなかでは割合として少ないという点である。

短時間に多様な環境へ拡大した人間の進化プロセスと重ねて考えるなら、これら一部の遺伝子変化はまさしく特定の地域や環境に適応するために急激に起きたと考えられる。

有名な例としては、マラリアが多い熱帯地域に異常へモグロビン遺伝子の頻度が高いことがあげられる。西アフリカから東アフリカの赤道周辺地帯では、ヘモグロビンβ鎖に突然変異を起こした、この「鎌型赤血球」遺伝子の割合が高い。ふつうの遺伝子とくらべるとアミノ酸が一ヵ所おきかわっているだけの突然変異だが、この遺伝子をもつ人ともたない人ではマラリアにかかったときの抵抗性に大きなちがいがあるのである。これらの地域から新大陸に移住した子孫たちでは、マラリアと無関係の環境に生活の場を変えたことにより、この遺伝子の割合が減っている。

つまり、人間は環境に働きかける能力を獲得したからといって、環境とは無関係にみずからの遺伝子をまったく変化させなかったというわけではない。むしろ、状況によっては、短時間に一部の遺伝子だけを大きく変化させることに成功しなければ、現在の繁栄を確保できなかったのかもしれない。

未経験の環境に適応するのに生物がとる対応には限界がある。拡大に成功した人間の祖先は、他の生物には真似のできない適応性を発揮できたようだが、その基盤は外界の環境に自分を合わせるという基本的な適応のスタイルだけでなく、環境を自分の生存に都合よいように変える努力によるところも大きかったはずである。そして、その努力は、遺伝的に決まる部分だけでなく、言語の発達を介した非遺伝的伝達、つまり文化の多様化にも大きく支えられてきたのだろう。

◉参考文献

古市剛史　二〇〇四「危機に瀕するボノボの現状」『霊長類研究』二〇（一）：六七―七〇。

Avise, J. C. 1994. *Molecular Markers, Natural History and Evolution*. Chapman & Hall: New York, p.19.

Butynski, T. M. 2001. Africa's great apes. In B. B. Beck, T. S. Stoinski, M. Hutchins, T. L. Maple, B. Norton, A. Rowan, E. F. Stevens, A. Arlnke (eds.), *Great Apes and Humans: the Ethics of Coexistence*. Smithsonian Institution Press: Washington, pp.3-56.

Gagneux, P. 2002. The genus *Pan*: population genetics of an endangered outgroup. *TRENDS in Genetics* 18(7): 327-330.

Gagneux, P., Wills, C., Gerloff, U., Tautz, D., Morin, P. A., Boesch, C., Fruth, B., Hohmann, G., Ryder, O. A., Woodruff, D. S. 1999. Mitochondrial sequences show diverse evolutionary histories of African hominoids. *Proceedings of the National Academy of Sciences of the United States of America* 96(9): 5077-5082.

Gonder, M. K., Oates, J. F., Disotell, T. R., Forstner, M. R., Morales, J. C., Melnick, D. J. 1997. A new west African chimpanzee subspecies? *Nature* 388(6640): 337.

Groves, C. 2001. *Primate Taxonomy*. Smithsonian Institution Press: Washington, pp.298-309.

International Chimpanzee Chromosome 22 Consortium. 2004. DNA sequence and comparative analysis of chimpanzee chromosome 22. *Nature* 429(6990): 382-388.

Kaessmann, H., Wiebe, V., Weiss, G., Pääbo, S. 2001. Great ape DNA sequences reveal a reduced diversity and an expansion in humans. *Nature Genetics* 27(2): 155-156.

Krings, M., Stone, A., Schmitz, R. W., Krainitzki, H., Stoneking, M., Pääbo, S. 1997. Neandertal DNA sequences and the origin of modern humans. *Cell* 90(1): 19-30.

Stedman, H. H., Kozyak, B. W., Nelson, A., Thesier, D. M., Su, L. T., Low, D. W., Bridges, C. R., Shrager, J. B., Minugh-Purvis, N., Mitchell, M. A. 2004. Myosin gene mutation correlates with anatomical changes in the human lineage. *Nature* 428(6981): 415-418.

UN , 2004. POPULATION Newsletter. *Population Division, Department of Economic and Social Affairs*. Number 77, p.2.

WWF 2004. *Threatened Species*.

第4章

文化の多様性は必要か？

内山純蔵

なぜ多様な文化があるのか？

自然のなかにおける生物多様性について考えるとき、つねに私たちの関心を引くのは、人間における文化の多様性の問題である。生物の存在が遺伝子を基盤としている以上、生物の多様性はいわば必然的な現象であるといえよう。では、人間にとって文化の多様性とは何なのであろうか？

あえていうまでもないことだが、人間の世界には、じつにさまざまな社会があり、それぞれさまざまな文化がある。文化とは何か、定義はむずかしいけれども、とりあえずここでは、多くの人たちに共有され、それぞれの社会を支えている基本的な価値観や世界観、技術体系、ライフスタイルのこととしておこう。別の国に行けば、異なった文化に出会うことができる。同じ国のなかでも、別の地方には別の文化がある。

文化は、一般にいわれるように、遺伝子に組み込まれた先天的な情報ではなく、だれでも後天的に身につけていく。どんな社会でも、子どもたちは生まれてくるとまもなく、両親、家族、そしてやがて社会や学校から、その社会の文化を刷り込まれていく。こうして文化は世代を越えて受け継がれる。

もともと、どんな人も、ほかの人には代えられない個性をもっている。太郎や花子は、「日本人」として生まれてくるのではない。生まれてきてから、社会によって「日本人」になるのだ。あくまで「日本人」は、彼らのあるひとつの側面にすぎない。しかし、どんな人も時代の子であり、社会の子である。人は、人格形成にあたって、その人が生まれた時代と育った社会の文化に強い影響を受けていく。

それにしても、世界に非常に多くの文化があるのはなぜだろうか。もちろん、今日の世界では、グローバリゼーションといわれるように、世界のどの地域に行ってもかなりの程度の共通性が見られるようになってきた。

海外に旅行した経験のある人ならだれでも、どこの国に行こうが、まず空港があり、空港には同じようなシステム——荷物預かりや両替、空港からのバスや鉄道のアクセス——が備えられていることに気づくだろう。また、どこの町でも外国人が泊まるホテルがあり、そうした場所ではかなりの程度英語が通用する。さらに、町の中心部にはマクドナルドやコカコーラ、パナソニックやトヨタの看板がある。

しかしその一方で、依然として多様な身なりと言語、考え方、宗教、習慣をもつ人びとがいる。文化の多様性は現在でもまだかなりの程度、現実に存在しているのだ。

いまだけではない。過去に遡ってみれば、いまとはちがう別の文化が数限りなく存在した。

日本列島の場合には、明治時代の文化、江戸時代の文化、中世、古代、そして弥生や縄文の文化など。

文化は世代を越えて受け継がれる――少なくとも人びとはそのように努める――にもかかわらず、文化はいつの時代も変わりつづけ、けっして同じ姿のままではない。過去への旅行は、もし可能だとしても、外国への旅行と同じく、異文化との出会いにほかならない。

どうして人間は、それほど多様な文化をもたねばならないのだろうか。なぜ、私たちは多様な文化を生み出す能力をもっているのだろうか。あるひとつの文化だけでは十分でないのだろうか。

一方、別の意見をもつ人もいるだろう。かつて人間は飛行機や鉄道、車などの移動手段をもたなかったから、それぞれの地域に孤立して、独自の多様な文化が生まれたのは、あたりまえだ。現在では状況はちがう。世界はだんだんひとつになり、やがて世界のどこに行ってもだいたい同じ文化や価値観が共有されるようになるだろう、と。

もしそうなるとすれば、私たちは人類史の一大画期に生きていることになる。現在は、多様な文化からある単一の文化への過渡期というわけだ。しかし、現実にそうなりつつあるとして、そのような未来社会は私たち人類にとって、どんな意味をもつのだろうか。

さまざまな解釈

進化論の夢

世界中にさまざまな文化がある不思議の理由を積極的に追い求めたのは、事実上、大航海時代以降のヨーロッパの人びとがはじめだったといえよう。世界中を航海して、彼らは自分たちとちがうさまざまな人びとや社会と出会った。その後、紆余曲折はあったが、一九世紀になってヨーロッパの覇権が確立すると、文化の多様性についての解釈も、当時の彼らの自信を反映したものになった。文化進化論と呼ばれる理論である。

この理論は、生物界での進化という自然現象が明らかになったのを事実上のきっかけとして生まれた。人間文化・社会の歴史でも、単純から複雑へ、下等なものから高度なものへという生物と同じような進化があったにちがいないというのである。そして、世界中のいろんな地域では進化の進み方が早かったり、遅かったり、あるいは停滞していたりとさまざまだから、文化がいろいろあるように見えるけれども、すべては最終的にもっとも進んだ西欧文明の水準に到達する、と考えるのである。

文化進化論を主導した人類学者のひとりであるアメリカのモルガンは、一八七七年に『古代社会（Ancient Society）』を著し、あらゆる文化・社会は「野蛮」から「未開」、さらに「文明」へと進む歴史的な進化の過程のいずれかにあると主張した。これにあてはめれば、もっとも進んだ文化は西欧のそれであり、逆にもっとも原始的で遅れた文化は定住を行なわない狩猟採集文化ということになる。人類が誕生したころの社会はすべて狩猟採集文化だったけれども、やがて社会が進化して、農耕社会や古代文明が生まれ、次第に封建社会に進んで、その進化のスピードがもっとも速い西欧では産業化し、より民主主義的な社会と文化となったという。

この図式によれば、シベリアやアフリカ、オーストラリアにいまも存在する狩猟採集社会はもっとも原始的で遅れた文化であり、それに次ぐのがニューギニアなどの園芸農耕社会や中央アジアの遊牧社会、さらに第三世界をはじめとする非西欧の社会がつづいて、……ということになる。

進化のスピードが世界の地域でちがうから、多様な文化とは、多様な進化の段階にほかならない。この理論によって、文化の多様性はきわめてすっきり理解できる、と少なくとも当時は考えられたが、同時にそれは、異なる文化を優劣で説明しようとする姿勢にほかならない。

それでは、何をもって優れた文化とするのか。文化進化論によれば、それは概して、人口の多さや、その文化・社会のひとりひとりの享受する物質的豊かさ・便利さによって測られる。

文化進化論は、一九世紀から二〇世紀にかけて、西欧文明がひときわ自信にあふれていたころ、そしてその落し子としての社会主義が人気を博したころ、世界中でもっとも人気のある理論のひとつだったし、現在でも、私たちの日常に気づかないまま定着した考え方となっている。たとえば、物質的豊かさに満ちあふれ、人口も多い都会をより進んだ場所として、その対極のいわゆる田舎を後れた地域として蔑む風潮に、そして悲しむべきことに、いわゆる発展途上国の文化を後れたものとみなしがちな風潮に、文化進化論のいまにつづく影響をみることができる。

「どこそこの地方や町はおくれていて、いまだに駅に自動改札がない」「どこそこの国や地域ではいまだに石器を使う人たちがいる」などという言い方は、その典型であろう。

一方、文化進化論によれば、時間的に古い社会や文化は、かならず、より新しいものよりも、物質的にも人間の知恵のレベルでも劣っている。

たとえば旧石器時代や縄文時代は物質的に恵まれず、人びとはつねに飢え、髪も伸び放題、裸同然で、生きるために必死に働いていて、自然や世界についての知識も便利に生きるための知恵も足らない。ところが、弥生時代から古代、中世、江戸時代と時代が下るにつれて、生活はよりよくなり、人間もより賢くなり、明治維新から現代になると、なおいっそうすべての状況が改善される。そして未来は、今日の問題が克服され、科学もさらに進歩して、人間はいっ

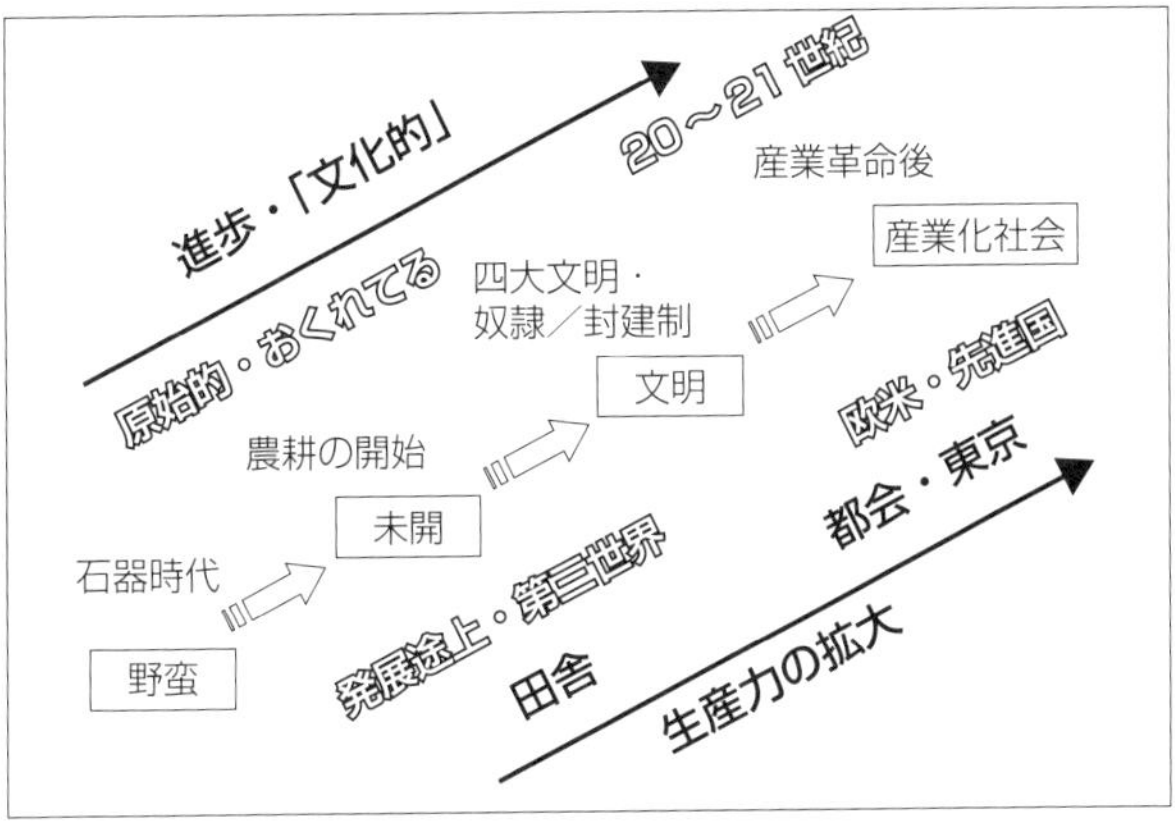

図1　社会進化論的世界観

そう優れた文化をもつようになるだろう。

人間の歴史は、いつ襲いかかってくるかわからない恐ろしい自然との闘い、抑圧的な上部階級との階級闘争の歴史だ。こうして「闘争」は、人間の歴史や文化を語るうえで欠かせない言葉となった。絶え間ない闘争こそ、人間をよりすばらしい、より優れた未来へと解放する魔法の武器なのである。文化進化論的な思考のパターンを図1にまとめておく。

以上のように、文化進化論によれば、人間が過去経験し、またいまも世界中にあるさまざまな文化はほとんど切り捨てられ、物質的な豊かさと便利さに満ちあふれ、抑圧のより少ない未来のある特定の文化こそが、すべての人びとが目指すべき目標とされた。文化の多様性は一時的なものだ——過去や現代の文化は、輝かしい楽園に向かう過渡期のより劣った文化にすぎない。

しかし、本当にそういえるのだろうか。だれでも、自分の時代、自分の所属する社会の文化を一番よく知っているし、愛着もあり、自分の社会や文化がよりよくあれと思っている。そして、未来にも希望をもちたい。しかし、だからといって、他者がより劣っていることにはならない。

また、たしかに人間は、やる気をもって、目標を立てて努力すれば、進歩する。しかし、それは個々人の問題である。人生のなかで目標ももたず、無気力で過ごす時期もあろうし、怠けて、かえって退化するようなことも多い。文化進化論によれば、個々人はともあれ、人間は世代を越えて、ほうっておいても、歴史の法則として、より優れた社会や文化へと進化する。そんな都合のいいことが、本当にありえるのだろうか。

エデンの夢

文化進化論と対極にあるけれども、文化進化論と同じくらいに人気のあるのが、自己の文化とくらべて他の文化や過去の文化がより優れているという考え方である。

理想の社会や文化は、いま、ここにはなく、手の届かない遠い彼岸にある。こうした考え方を、うまく言い表す言葉はないし、文化進化論のように明確に理論化されたこともないから、とりあえず旧約聖書の楽園になぞらえて、エデン仮説と呼んでおこう。

エデン仮説によれば、自分の所属する時代や文化がもっとも嘆かわしい状態にある。人間はかつて物質的にも精神的にも非常に優れた、幸福な状態にあったけれども、いつしか堕落し、楽園を追われたアダムとイヴのように、嘆かわしい状況におかれているという。

このような考えは、いままでたいへんな成功を遂げたと自他ともに認めていた文化・社会が、その頂点を過ぎて自信を喪失したり、現に戦乱や不況や社会的抑圧など、社会的危機にあって未来に展望を見出せなかったりする場合に人気を博することが多いようだ。

また、非常に強力な他の文化や社会の影響に直面して、みずからのアイデンティティを守る必要に駆られた場合も、同じ傾向が現れる。

たとえば、春秋戦国時代の中国に誕生した儒教では、戦乱に陥る前の周王朝や、さらに以前の伝説的な聖王の統治時代が理想とされ、これら理想時代の秩序への回帰が叫ばれた。

中世的封建体制が行き詰まったヨーロッパでも、ルネッサンスから啓蒙主義時代の担い手たちは、ギリシャ・ローマ古典時代への回帰を唱えた。

欧米列強の圧力を強く感じた江戸時代末期の人びとは、王政復古を唱え、平安朝までの朝廷中心政治への回帰を理想とし、それが明治維新の思想的背景となった。当の平安朝の時代、律令制度と貴族制度が行き詰まった時代には、末法思想が流行していた。

このような状況では、人びとはみずからの過去に存在した――少なくとも存在したと信じる

――ある特定の文化を至上のものとし、その文化への回帰を理想とし、それ以外の文化は否定されるか軽視されがちになる。こうした傾向は、人類史を通じて、いつでもどんな社会でも現れてきた。

二〇世紀に入り、その前半期にロシアや中国で社会主義を標榜する国家が生まれると、いわゆる資本主義社会では、若者やより抑圧された社会階層の人びとが、よりいっそう社会主義運動に魅力を感じるようになった。ソヴィエトをはじめとするこうした新興国家からもたらされるわずかで不正確な情報によって、多くの人たちが社会主義体制を理想の社会であるかのように感じるようになった。

ヨーロッパの絶頂期が終わりを迎え、さらに二〇世紀も半ばが過ぎて、ベトナム戦争でアメリカの敗色が濃くなると、文化進化論の後退とともにエデン仮説への回帰が一般的な風潮となる。人びとの関心は、より非西欧的なもの、禅をはじめとする東洋的な文化や狩猟採集社会の文化における人びとの価値観や世界観に向けられはじめた。

さらに産業化がもたらす環境破壊や大量消費社会におけるさまざまな社会問題がめだつようになると、この傾向はいっそう顕著になった。現代文明は悪であり、人間にとって大切なものを切り捨ててきたけれども、一方で東洋やいわゆる先住民の文化は善であり、人間性をより重んじる文化であるということになった。

こうしてエデン仮説もまた、文化進化論とは逆のやり方で、人間のもつ多様な文化に優劣をつけ、善悪の基準で判断しようとするのである。

エデン仮説の行きつくところは、とどのつまり新しいナショナリズムである。人は、現に存在する異文化にではなく、最後にはみずからの遠い過去にあったと夢想する文化にアイデンティティの源泉を求めようとするからだ。

近年、日本では、近代科学や産業革命をうみだした西欧文化（西欧とひと口にいっても、じつに多様な地域であるにもかかわらず、ひとくくりにされる）は、自然征服型の文化だとか、あまりに人間中心主義すぎるとして批判的にみる風潮がある。

その一方で、日本の文化は伝統的に自然と人間を一体のものとして考える平和的なもので、四季折々の変化に敏感な、稲作と美しい里山を中心として自然環境と理想的に調和してきた優れた文化だという。

日本列島には、少なくとも数万年前に人間が生活しはじめて以来、じつにさまざまな文化が各地域で展開してきた。いったい、日本の伝統文化とは、日本列島のどこの地域の、どの時代の文化をさすのだろうか。

おそらく、こうした論調で理想化されている文化とは、多くの場合、高度経済成長時代や第二次世界大戦以前、あえていうなら江戸時代の稲作地帯の農村生活をさすようだ。あるいは、

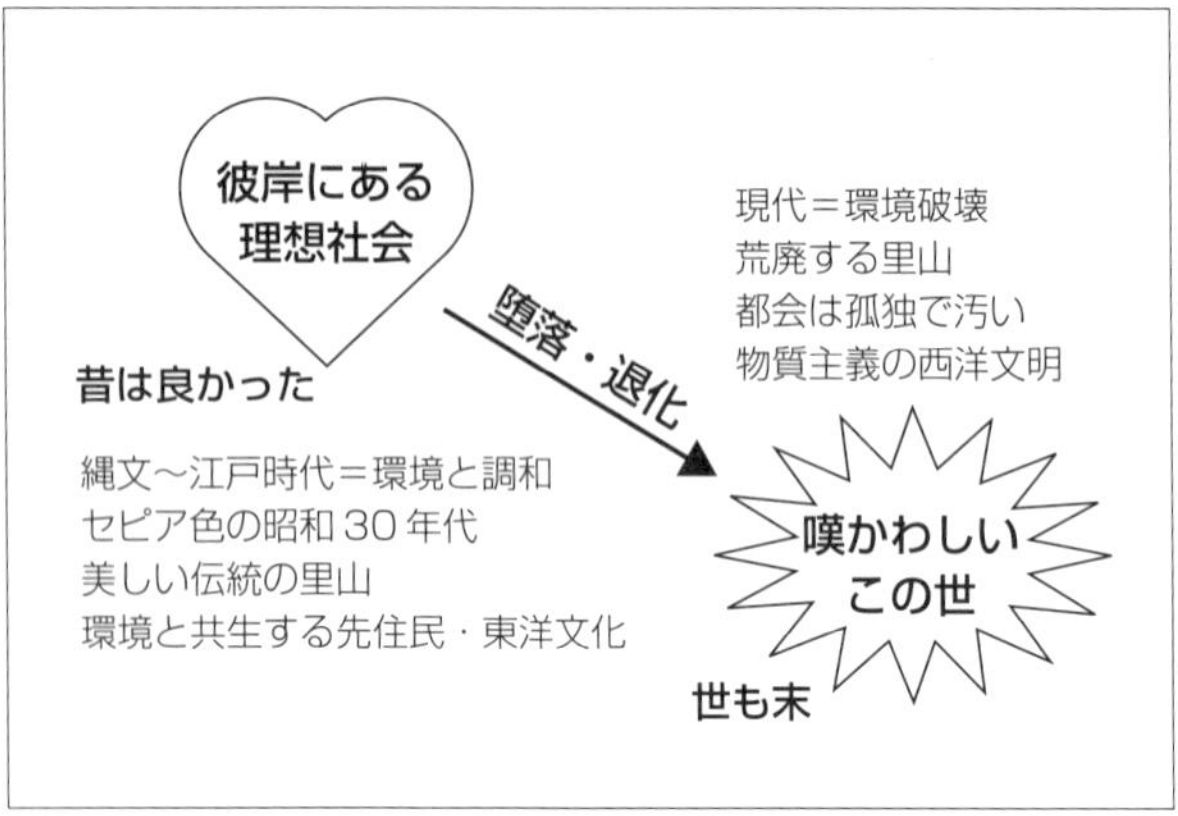

図2　エデン仮説による世界観

そうした農村に支えられていた江戸時代の大都市・江戸が環境にやさしい理想都市とされることもある。

さらにさかのぼって、最近では縄文時代こそが自然環境との調和においてより素晴らしい、優れた文化の時代だともいう。本当にそうなのだろうか。

江戸時代の農村や都市のシステムは、実際には差別的な身分制度と因習、相互の行き来がままならない閉鎖的な社会制度という暗い面に支えられていたのではないか。縄文時代にいたっては、その社会の全体像でさえ、ほとんどまだ解明されていない。

ともあれ、文化進化論と同じく、エデン仮説もまた、多様な文化の存在を、優劣をもって説明しようとする姿勢にほかならない。その世界観を図

2にまとめておく。

エデン仮説によれば、東洋や社会主義圏や過去の時代など、遠い彼岸にあるけれども、理想の文化は存在する。その他の文化は、理想の文化になりえずに堕落した社会や、退化した社会の嘆かわしい姿なのだ。

それでは……？

文化進化論もエデン仮説も、人間にさまざまな文化があることを説明しようとする点では同じである。いずれも、特定の文化が他の文化に対して優れているという。文化進化論は現代の有力な産業化社会の文化を頂点にして他の文化を序列化しようとするし、エデン仮説では、イデオロギー的に対立関係にあるもう一方の地域やみずからの過去にあった文化など、手の届かない彼方の文化を優れているものとして、他の大多数の文化を劣った嘆かわしいものという。

文化進化論は、ともかくも、未来は必ず良くなるという明るく自信に満ちた信念に基づいている。文化進化論が生まれ、広く支持された一九世紀から二〇世紀前半のヨーロッパは、少なくともこうした楽観主義が人気を博するだけのエネルギーにあふれた社会だったのだろう。一方でエデン仮説は、人間が挫折感にとりつかれた時代に人気がある。

こうしてみると、これら二つの考え方は、私たちが人生の歩みのなかで抱きがちな人生観に似ている。人は、若く、生気にあふれ、前向きに生きているときには文化進化論的に物事を捉える。未来は明るく、希望に満ちているのだ。そして人生に挫折感を覚えたり老年期にさしかかり、過去に郷愁を感じるようになると現状を否定的に捉えがちになってエデン仮説的な考えをする。昔は良かったが、今の世はなんだ。嘆かわしいかぎりではないか、と。

いずれにせよ、どちらも、どの文化がより進んでいたり優れていたりするのかをあれこれ主張してみせるばかりで、どちらも人間が現実になぜ多くの文化をもっており、なぜ多くの文化をうみだす能力を備えるにいたったのかという問いに対する答えになっていない。

文化進化論は、西欧社会や産業化社会のひとりよがりの感をまぬがれない。私たちは、現実に異なる価値観や世界観、ライフスタイルをもつ社会がたくさん存在することを知っているし、他の社会の文化に属する人びとも、けっして私たちにくらべて愚かでもないし、後れてもいないことを知っている。

エデン仮説は、とどのつまり自己嫌悪か、自己の伝統なるものへの無批判な郷愁や追従にすぎない。悪いことには、どちらも、文化の多様性は必要ないと主張する。

くわしくは触れなかったけれども、文化進化論とエデン仮説以外に、いまひとつ人気のある説明が、環境決定論だろう。この理論によれば、文化の多様性は、地球の各地域で異なる自然環境があるからだ、と説明される。人間文化は、異なる気候風土のもとでは、ちがうかたちを

(上)サハラ南縁の村。私たちの「村」とはずいぶん違う
(ニジェール、長野宇規氏提供、1997年撮影)

(下)私たちの「村」。上の写真とはずいぶん違う
(東京・赤坂見附、2005年撮影)

とる。それだけだ、というのだ。

砂漠は乾燥していて人間が生きていくのにたいへん厳しいから、一神教的で戒律の厳しい社会になり、日本のようなモンスーン気候は四季の変化がはっきりしているから、多神教的で集団主義的な農耕社会になる、などという。

たしかに、人間はさまざまな自然環境にも適応する能力をもっている。そうした適応の過程で、さまざまな文化が必要とされたのかもしれない。しかし、これではあまりに単純だ。同じような自然環境のもとでも、明らかに異なる多様な文化がある。

そもそも、文化のかたちを決定するのが自然環境だとすれば、熱帯アフリカで誕生した人類が、なぜ多様な文化をもつなどという能力を発達させたのだろうか。熱帯の気候風土が決定するるただひとつの文化で満足していればよかったではないか。みずからの故郷である熱帯だけで満足して、長い文化進化の道のりを経ないで、あるいは長い堕落の道に陥ることなく、人間の生存に適した、もっとも優れた文化を早々にうみだして、それで満足できなかったのだろうか。

このように、現在のところ、いかなる理論や仮説によっても、人間が多様な文化をもつ本質的な理由は説明できない。グローバリゼーションの名のもとに、世界中どこに行ってもかなりの程度の共通性がみられるようになっても、現に依然として文化は多様であり、過去を見渡せば、さらにさまざまな文化が存在してきたにもかかわらず。

問題は、人類という種にとって、文化の多様性が重要な特徴のひとつであり、文化の多様性が種の存続にとって必要不可欠な性質にみえるという点である。

ここで問いたいのは、むしろ、なぜ文化の多様性が、少なくとも今日まで、必要だったのだろうかという点であり、そしてこれから将来も、文化の多様性は必要なのだろうか、という点である。

この問いへの答えは、私たち自身の過去を長い目で見直すことで得られるかもしれない。自然人類学や考古学の最近の成果によれば、私たち人類がいまのような姿をとるようになってからでも、意外と長い時間、少なくとも十数万年は経過してきたという。

その間、世界のどんな地域でも環境はさまざまに変化して、私たちの祖先はそうした異なる環境の時代を乗り越えてきた。そうした環境の変化を、多様な文化を抱えながら、私たちの祖先はどうやって乗り越えてきたのだろうか。その長い道のりを生き延びるために、多様な文化をうみだす能力は、どのように発揮されてきたのだろうか。

先史時代の生活からみてみよう

■最終氷河期の終了と人類

私たち人類は、忘れっぽい動物である。

私たちが地球に現れて十数万年がたっている。ここ一〇〇万年の間に、地球は氷河期と温暖な間氷期を繰り返し、現代型の人間も、少なくとも二度の氷河期と一度の間氷期を経験している。最後の氷河期はおよそ一万二千年前に終了したが、現代はおそらく次の氷河期までの、私たち人類にとって二度目の間氷期にあたる。

その数千世代の間には、さまざまな個性をもった人びとが、さまざまな人生を生きたことだろう。そんなドラマのほとんどを、私たちは知らない。繰り返される寒冷化と温暖化という環境の変化を祖先がどのように生き延びてきたかについて、私たちが考古学の力をもって少しはくわしく知っているのは、せいぜいここ二、三万年程度の大きな流れにすぎない。

一万二千年前、最後の氷河期は唐突に終りを告げた。一九九〇年代にグリーンランドの氷床を掘削して得られた過去の氷試料の地球化学的分析では、最終氷河期の終了が、数十年程度の短期間に生じたことがわかっている。大気の微妙で複雑なバランスは一度崩れるときわめて急激な気候変動をもたらすようだ。

一般に温暖化はいいことのように受け取られがちだが、それは、氷河期の寒冷な気候に適応していた多くの社会にとって、その生き方を根本から変えねばならない大きな危機だったろう。

ここでは、この急激な環境変動を人類がどのように乗り越えたのか、そしてその変化のなかで文化の多様性をうみだすという私たちの性質がどのような役割を果たしたのかを、考えてみよう。

最終氷河期に、年平均気温は現在よりも一〇度以上低く、北半球の陸地のうち、グリーンランド、カナダ以北の北アメリカ大陸全域、およびヨーロッパの北部とシベリアの西部までが氷河に覆われていた。かなりの水が氷河のかたちで陸地に閉じ込められたため、海水量がいまよりも相当少なく、したがって海面も現在より一〇〇メートル以上低い水準にあった。おおざっぱにいって、現在の海面下一〇〇～一五〇メートルほどの場所が当時の海岸線であり、陸地は現在よりもかなり広くなっていた。

たとえば日本付近では、瀬戸内海は海ではなく内陸の谷であり、対馬海峡については議論があるけれども、宗谷海峡と間宮海峡は完全に陸地となって、日本海はほとんど陸地に閉じ込められていた。東南アジアでは、スマトラ、ボルネオ、フィリピンなどの島々はインドシナ半島とひとつにつながった亜大陸となっていたし、ニューギニアとオーストラリアはひとつの大陸だった。さらに北太平洋では現在のベーリング海が陸化してユーラシアと北アメリカの両大陸を結んでおり、中東ではペルシャ湾が存在せず、ヨーロッパでは、イギリスとフランスは陸続きだった。

現在の温帯に属する地域は、ほぼ現在の亜寒帯から寒帯に相当する気候となって、内陸部は乾燥して冷涼ステップが広がり、広大な草原地帯が代表的な自然景観だった。

氷河期といっても、生物は非常に多様だった。氷河期の最大の特徴は、草原地帯に適応した大型の哺乳類が非常に栄えたことだろう。マンモスをはじめとする象類やサイの一種であるケサイやウマなどの奇蹄類、バイソンやオーロックスといった野生のウシ、トナカイやオオツノジカといった偶蹄類がいた。草食獣は大きな群れをつくって、餌を求めて冬は南下し、夏には北上するという移動を繰り返していたようだ。これら草食獣を捕食するのはオオカミやヒグマ、ホラアナライオン、オオヤマネコなどだった。

最終氷河期には、人類の分布域が非常に拡大し、氷河期が終わるころにはすでに現代と変わらないほどになっていた。この時代は人類史の後期旧石器時代に相当する。

この時代の遺跡からは竪穴住居など、ある程度の期間継続して使用するための構造をもった建造物やまとまった墓地、食料を貯めておくための貯蔵穴など、人びとが長期間ある一定の地域に集まって定住していたことをうかがわせる証拠はほとんどない。多くの場合、石器や石器をつくる際に出る石材の破片などが出土するばかりである。

　狩猟の際に用いられた道具は石器の形状から石槍が主だったと思われるが、弓矢の使用の証拠となる石鏃と呼ばれる矢じりは存在しない。石器といっても、のちに現れる磨製石器と異なって、この時代に主流なのは細石刃という、石材を細かく打ち欠いてつくる打製石器である。釣針もないから、魚の利用もあまりなく、草原に生息する大型の哺乳類がおもな食料となっていたと考えられる。

　この時代には煮炊きや物を貯蔵するために使われる土器もない。オオカミが家畜化されたと考えられているイヌもまだ現れていない。もちろん、農耕や牧畜の痕跡は認められていない。

　これらのことから、後期旧石器時代には多くの社会が定住せず、人びとは比較的少人数の集団をつくって、移動する草食獣を追って、短期間に移動を繰り返す狩猟採集生活を送っていたと考えられる。おそらく人口も後の時代とくらべて非常に低い水準だったろう。

　氷河期が唐突に終わったとき、人類が重大な危機に直面したことは想像に難くない。

　まず、北アメリカやヨーロッパの氷河が大量に融け出し、海に流れ込んだため海面が急上昇した。海岸に近い土地は短期間のうちに海面下に沈み、失われていった。

　急激な温暖化のために気候は大きく変わり、草原が失われて森林に取って代わられていった。

その結果、草原を生息地にしていた大型の草食獣にとって、このような環境変化は致命的だった。人間による過剰狩猟も原因のひとつといわれるが、いずれにしても大型哺乳類は氷河期の終了後あまり時を経ずに絶滅していった。

土地が失われ、草原環境とおもな食料としていた動物が失われ、これまでの生き方が通用しなくなった地球で、人類もまた絶滅の運命に向き合ったのである。私たちが知るかぎり、人類の存続にとって最大の危機だった。

■一般的シナリオ

およそ一万二千年前、氷河期の終了という重大な危機に直面したにもかかわらず、私たち人類は、現実にいま、生きており、これまでにない人口を誇っている。どのように私たちの祖先はこの危機を乗り切ったのだろうか。比較的最近まで、広く受入れられてきたシナリオは、次のようなものだ。

現代型の人類が登場してから最終氷河期の終了まで、一〇万年以上の期間、人類は旧石器時代を生きてきた。これは人類史の九割以上を占めている。

この長い旧石器時代の間、人類の基本的なライフスタイルは大型草食獣の群れの移動にあわせて短期間に小集団が移動を繰り返すという原始的なもので、財産と呼べるものは何もないいばかりか、裸同然の身なりで食料は不十分であり、大自然の脅威の前に、何とか生きていくのに精一杯だった。

しかし、しだいに人間の自然に対する知識や知恵が集積されていった。それとともに、徐々にではあるが人口も増え、それだけ多くの食料を獲得しなければならず、そのための技術の進歩が求められるようになっていった。

その結果、食料生産を高めるより高度な新しい技術が登場し、生活をより快適に送れるようになっていった。たとえば、弓矢が発明され、この飛び道具によって、より多くの動物を仕留められるようになった。イヌも現れ、狩猟の効率はさらに高まった。植物から繊維を取り出す方法が編み出され、漁網が発明され、それまで利用できなかった魚類が食料となった。

ちょうど氷河期が終了し、見通しのきかない森林環境が徐々に増え、海面もしだいに上昇して水環境が身近になったために、弓矢とイヌ、漁法の発明は人類にとって非常に有利に働いた。なによりも、温暖になった地球は、人間の生存に都合がよかった。漁法はより発達し、やがて釣針や銛も登場する。なによりも衣服が作れるようになって、より暖かくすごせるようになった。食料に利用できる資源についての知識も増え、より多くの種類のものが日常の食卓にのぼるようになった。

集団で協力して作業すれば、より効率的に資源を開発できることを学んで、社会構造はより複雑になった。短期間で移動を繰り返すのではなく、長期間一定の場所に住みつづければ、大きな社会集団をつくれるし、知識や知恵の集積も加速する。この利点に気づいた人類は、定住というライフスタイルを発明した。

ものをすぐに消費してしまうのではなく、貯蔵して、将来のことも考えて少しずつ使う知恵も学んだ。

この段階に来ると、人類は旧石器時代を脱し、中石器時代と呼ばれる新しい高度な狩猟採集社会に進む。技術の進歩と協同作業によって、人間は余暇の時間をより多く手にして、文化の進歩は加速する。

つづいて、定住と社会集団による協同作業に慣れた人類に、さらなる飛躍が訪れる。みすぼらしい打製石器に変わって、石を磨く技術の発達によって、石材はより思いどおりの形に加工できるようになって、磨製石器が登場し、大きな木でも伐採・加工できるようになった。

さらに、粘土を強い火力で加熱することで、ものの煮炊きと貯蔵が可能な土器が発明され、ついにはヒツジやヤギ、ウシなどの家畜化、さらにムギやイネなどの穀類の栽培が行なわれ、農耕社会の段階に進む。この新しい文化と社会を新石器時代と呼ぶ。文明までもう一息だ。

お気づきだと思うが、右のシナリオには氷河期とその終了に伴う環境変化はほとんど出てこない。ただ、温暖になった気候が人類にとって都合がよかったというだけだ。

最近になって、グリーンランドや南極の氷床を掘削して得られる数万年の間に堆積した氷に閉じ込められた過去の大気の資料から、過去の気候変動について高い精度で復元する研究がはじまるまで、気候変動は人間の一生の尺度では比較的緩やかに起こるというのが一般的な受け止められ方だった。

また、これまでの歴史学や考古学の研究では、環境の変化が人間文化や社会に及ぼす影響は低く評価される傾向があった。

そのため、このシナリオでは氷河期の終了が現実に人類にとっての危機だったとは考えられていない。そのかわりに、旧石器時代のみすぼらしい文化から、より物質的にも精神的にも豊かな文化へと、たいへん文化進化論的な見方から歴史が描かれている。

■一般的シナリオは正しいか？

しかし、実際に氷河期の文化はその後の時代の文化にくらべて劣っていたのだろうか。人間の歴史は、旧石器時代の貧しくみすぼらしい状況から何とか脱出するための長い進歩の道のりだったのだろうか。筆者は、そうではないと考える。

旧石器時代の文化は、全体的には当時の自然環境に非常によく適応していた。もし、当時から人間が大きな集団をつくり、一ヵ所に長い間定住していたとしたら、季節によって広大な空間を移動して暮らす冷涼ステップの草食獣を効率よく狩猟できただろうか。

弓矢の技術が普及していたとして、氷河期の厚い毛皮をもった大型の草食獣を狩る際に、頑丈な石槍よりも便利だったろうか。

水産資源を知らなかったわけではない。旧石器時代の遺跡からも、魚の形を彫り込んだ石などが出土している。しかし、まわりに大きな動物の群れがいて、その動物たちに食文化の基盤がおかれていたなら、魚や貝をめだつほど利用する必要があっただろうか。

持ち運びに不便な土器を使う必要があっただろうか。周りが草原で、森林が少ないときに、製作のために薪などの大量の燃料を必要とする土器がなくてはならなかっただろうか。

磨製石器は、実際にはその大部分が木を伐採するための石斧だが、森林が少なく、そもそも伐採の必要がなければ、なぜそのような道具が必要だろうか。

当時の人びとが裸に近かったというのは、明らかに文化進化論的な考え方からくる偏見である。衣服などの有機物でできた遺物は、長い時間に朽ち果ててしまい、もともと遺跡では出土することと自体がほとんどない。氷河期に、人間が衣服なしで生き延びられたとは考えられない。

彼らの自然に対する知識が、私たちよりも劣っていただろうか。この時代、ヨーロッパ南西部の石灰岩質の洞窟には、当時の人びとが描いた壁画が多数発見されている。アルタミラやラスコーといった遺跡で有名なように、その、じつにみごとな動物の描写を見れば、そんな不遜な考え方はできないはずだ。

逆に、現代社会が突然氷河期に襲われたら、いったい私たちのうちのどれほどがその新しい環境に適応して長く生き延びられるだろうか。

一九六〇年代から七〇年代にかけて、世界各地の狩猟採集社会で行なわれた調査は、農耕やいわゆる現代文明と異なる生活を送る人びとについて、驚くべき実態を明らかにしている。少なくとも比較的最近まで、旧石器時代の生活に近いと思われる文化をもつ社会が存在していた。

たとえばアフリカ大陸南部の砂漠地帯では、クンやサンと呼ばれる人びとがいる。彼らの住むのはまったくの砂漠というより、ブッシュの点在する岩砂漠に近い環境だが、そのような環境では、動物や植物や水など、人間が利用できる食料資源はまばらにしかない。それら点在する資源や移動する動物たちなどを追って、ひんぱんに小集団で移動を繰り返す生活こそ、もっとも環境に適応したライフスタイルである。

彼らの貧しさについてはどうだろうか。たしかに彼らの所有する財産は、先進国に住む人びとにくらべてはるかに少ない。しかし、同時に、彼らが生きるために必要な仕事に費やす時間は、都会に住む現代人の労働時間にくらべて、驚くほど少ないことが明らかになった（サーリンズ　一九八四）。

以上のように、氷河期の人類は、その時代に支配的だった冷涼ステップの環境に非常によく適応した文化をもっていたと考えられる。

問題は、氷河期が唐突に終わり、森林の拡大と沿岸地域の水没、大型草食獣の絶滅によって、それまでとは異なる自然環境に直面して、それまでのライフスタイルを変えねばならなかったという事実である。

人間社会は、いったん安定したかたちをとったならば、一般的には非常に保守的な傾向をもつ。人は、長く親しんできた文化や社会はできるだけこれからもつづいてほしいと思うし、これまでの価値観をそうたやすくは変えようとしないものだ。

しかし、実際には氷河期が終了すると時を経ずに、人間社会もそれまで一〇万年以上も慣れ親しんできた旧石器時代から別れを告げて、中石器時代へ、そして新石器時代へと劇的な転換を果たし、絶滅を免れたのである。それは、どのようにして可能だったのだろうか。

現実のシナリオ――環境の激変をのりこえて

氷河期が終わって、いま私たちの生きる温暖な間氷期（完新世）に入るとまもなく、人類の文化全般にわたって大きな変化が生じた。弓矢やイヌの使用、魚や貝などの水産資源の利用に特徴づけられる中石器時代のはじまりである。

日本列島では、さらに土器や磨製石器の使用が広がり、縄文時代が幕を開ける。

この時期にはさまざまな新しい技術の広がりが目を引くが、旧石器時代とくらべてもっとも大きなちがいは、人間集団の形と空間の利用である。中石器時代には、依然として狩猟採集活動が生業の基本だったが、旧石器時代のように小集団で一ヵ所に定住せず、広大な空間で短期間に移動を繰り返す生活から、より大きな集団が、定住的な集落をつくって長期間生活するパターンに変わったのである。

このちがいは、文化進化論的により優れた生活形態である定住が発明されたと考えるよりも、氷河期後に現れた新しい自然環境に適応した結果と考えれば理解できる。

氷河期が終わって気温が急上昇すると、かつての冷涼ステップは深い森林に覆われるようになり、大型の草食獣が姿を消し、森林に適応したすばしこい中型や小型の哺乳類が闊歩するようになった。海水面の上昇と降水量の増加によって、水環境が身近になった。不安定な氷河期の気候から、温暖で安定した四季変化のある完新世の気候に変わった。

氷河期には、大型草食獣の狩りを中心に生活を送っていた人類も、季節ごとに目まぐるしく変わるさまざまな生物をうまく捕まえて食料にしないと生きていけなくなった。すばしこい森の動物、木の実や雑穀類、根茎類、魚や貝類、渡り鳥など、いったん狩りに成功すれば、たのもしい食料となった大型草食獣に頼っていたころにはほとんど目もくれなかった、小さく、たいして食べ応えもないくせにすばしこい生き物を、大勢相手にしなくてはならなくなったのである。

それだけではない。それまでよりもはるかにさまざまな種類の生き物をうまく捕まえたり採集したりするためには、その種類の数だけ異なる自然知識と捕獲・採集技術、捕まえたあとの処理方法に習熟しないといけない。そんなたくさんの知識や技術をマスターするのは、とてもひとりでは無理な相談である。

人間が、氷河期のころよりも大きな集団をつくるようになった理由はこのためだろう。新しい森林・水環境のもとでは、高度な分業体制とチームワークが求められるようになったのだ。

一方、大草原に散らばって季節移動を繰り返す大型草食獣を相手にしない以上、ひんぱんな移動生活は意味がなくなる。ある程度長期間、一ヵ所に定住して、四季による生物相の変化に合わせて生業活動を行なうほうが合理的である。

この時代の大きな集落は、森林と湖沼や河川や入り江など水環境との境界、山地と平野の境目など、異なる環境の接点に位置することが多い。できるだけ多様な環境をまわりにおいておけば、多様な資源に容易にアクセスできる。弓矢や漁撈技術などの新しい技術は、これら多様な新資源を効率よく開発するために必要とされた。

規模の大きな社会集団が、ある決まった空間に継続して居住しはじめたことで、それまであまり見られなかった社会習慣も現れる。集団のアイデンティティとテリトリー（縄張り）の主張である。生存に有利な資源が集まる地点は、環境のなかでは限られているから、有益な場所を自分たちのものと主張する必要が生まれる。そのため、集団墓地を集落や狩場など特定の場所につくったり、他集団と異なる風俗や儀礼が編み出されたりした。この時代には文化の地域性がはっきりと、しかもより細かくなる傾向がある。

また、ある季節に大量にとれた資源を、別の時季にも利用するために貯蔵する習慣が広がった。このような特徴を備えたのが、複合狩猟採集文化と呼ばれる、新しいタイプの社会集団である。

この時代、大型草食獣から多様な生物資源へと、生活基盤は大きく転回し、それにあわせて人類は、社会・文化を全般にわたって大きく変化させて、環境の激変を乗り越えたのである。

旧石器時代の文化と中石器時代の文化のちがいは、基本的にはどのような生活戦略が必要だったか、どのような環境に適応しなければならなかったか、のちがいであって、けっして優劣の関係にはないといえよう。

未来のための多様性

■生存戦略としての文化多様性

ここまで、氷河期の終了という環境の激変という危機を、人類が、文化や社会を新たな環境への適応を図りながら大きく変えることで乗り越えたと述べてきた。実際には、もっといろんなエピソードがこのドラマに含まれているだろうが、ここではそれに触れている余裕はないし、またその多くはまだやっと知られはじめたばかりである。

しかし、このストーリーにみる人類の柔軟性には驚かされる。人類は、環境の激変などの生存の危機にあたって、きわめて柔軟にまったく異なる文化をつくりだすことで生き延びるという能力をもっているのだ。じつは、この文化の柔軟性にこそ、なぜ多様な文化を人間が必要とするかという問いの答えが含まれている気がする。

中石器時代的な文化は、なにも環境激変に直面してはじめて現れたわけではないことが、近年の考古学調査によって明らかになってきている。氷河期のまっただなかにあって、後の中石器時代に主流になる生き方を選択していた集団がいたことがわかってきたのだ。

エジプトのワディ・クッバーニア（Wadi Kubbaniya）遺跡（図３）は、ナイル河沿いのアスワン付近、河口から八〇〇キロメートルほど遡った西岸に近い場所にある。一九七〇年代の終わりから八〇年代はじめに実施された発掘調査によって明らかになったところでは、ほぼ一万九千年前から一万六千年前ごろまで人が住んでいた。北回帰線に近く、現在では年中暑い砂漠気候となっているけれども、遺跡に人が住んでいた氷河期には、当時の世界に数少なく残された温帯だった。降水量も現在よりは多く、周囲には温帯サバンナの景観が広がっていた。

図３　ワディ・クッバーニア遺跡の位置

遺跡が見つかった場所は、かつてはナイルにつながっていた湖のほとりだったようだ。石器のほか、乾燥した気候のため、当時食料になっていた動物や植物の遺体が数多く出土した。それによると、遺跡の人びとは、当時世界的に主流だった草食大型獣の狩猟に生活基盤をおいていたのではなく、いわば中石器時代的な生活を行なっていた。

遺跡からは、動物質食料としてはナマズ類が主体を占めていたほか、レイヨウやウサギなどの中・小型の哺乳類、さらにカモやペリカンなどの鳥類が出土した。また、植物質食料としては、沼地などの水際に多いハスやパピルス、ハマスゲの根茎が検出され、これらをすりつぶすのに使われた石器類が出土した。湖でとれる魚類や湿地に生える植物の根茎に依存していたのである。

こうした生活の痕跡は中石器時代の遺跡を思わせるものばかりである。実際、石器の量や分布の程度、炉の痕跡などから考えると、少なくとも一万七~八千年前ごろには、定住的で規模も比較的大きな集落になっていたようだ。定住の習慣もまた、旧石器時代に存在したのである(Close, ed. 1989)。

ワディ・クッバーニア遺跡にみられるように、氷河期であっても、低緯度の温帯サバンナ地帯など、環境条件の許す地域では、陸水の多様な資源に依存した定住生活が行なわれていた。けっして、こうした生活形態が中石器時代になるに及んで文化進化論的に発明されたわけでも、また環境変化に迫られた人びとによって、あわてて編み出されたわけでもないことがわかる。ただ、氷河期の地球では温帯気候そのものがまれな環境だったために、ワディ・クッバーニアのような文化が主流でなかっただけなのだ。

このように、氷河期の遺跡からは、まれに旧石器時代ではなく中石器時代以降になってから広く普及する文化や技術の痕跡が発見される。

たとえば、磨製石器は、日本では縄文時代以降、他の地域では農耕の開始に重なる新石器時代になって広く普及するが、その技術自体は、東アジアでは三〜四万年前の遺跡から出土する局部磨製石斧と呼ばれる遺物にすでにみられる。一万数千年前になってはじまる縄文文化には直接つながらない技術である。

また、二万九千〜二万四千年前のヨーロッパ中部のパヴロヴィアン（Pavlovian）文化では、マンモスの牙などを使った人物の写実的な彫刻が有名だが、そのなかには、粘土を使って形をつくったあと、火で堅く焼きしめられたものがいくつか知られている。のちの土器の製作を思わせる技術が、すでにあったのだ。

ただ、ここにあげた文化や技術は、その当時には主流ではなく、世界的に広く普及もしなかった。しかし、人類が、その時代に主流の文化ばかりではなく、その当時では風変わりな技術や文化をうみだす能力をもっており、またそのような一風変わったものの存在を、人類社会が受け入れてきた点が、人類の生存にとって重要だったのではないだろうか。

ある生き方や技術が、たとえその当時においては主流でもなく、必要ともされなくても、次の時代には広く受入れられ、人類が生きていくために必要となる場合がある。氷河期の人類にとっては、ワディ・クッバーニアのような生き方や、磨製石器や焼き物の技術は一風変わっているが、人類全体としては、とくに必要とされなかった文化だった。しかし、そのような一風変わったものをうみだす人間の能力があり、一風変わった文化の存在が認められていたからこそ、氷河期の終了という環境の急変を乗り越える新たな文化をうみだせたのだ。中石器時代には、ワディ・クッバーニアの生き方こそが主流になったのだから。

本章の最初に掲げた、どうして人間は、それほど多様な文化をもたねばならず、なぜ、私たちは多様な文化をうみだす能力をもっているのかという問いへの答えは、こんなところにあるのではないかと考えている。

できるかぎりの文化の多様性をもち、一風変わったものをうみだしつづける能力は、未来の新たな状況に対する適応可能性を担保しておくものとして、種としての長期的な生存に有効だからこそ、人類にとって必要なのである。

■■文化多様性を維持するために

近年、急速な産業文明の広がりによるグローバリゼーションによって、世界の多くの言語が急速に失われているという報告が聞かれる。

たとえば、日本言語学会危機言語小委員会の最近の報告（図４）によれば、現在世界には七千程度の言語があり、そのうち半数の言語が話者六千名以下となって、消滅の危機に瀕しているという。このままでいくと、二一世紀の終わりには、いまの半数の言語しか生き残らず、しかもそのうち消滅の危機にない言語は一千に満たなくなるという。

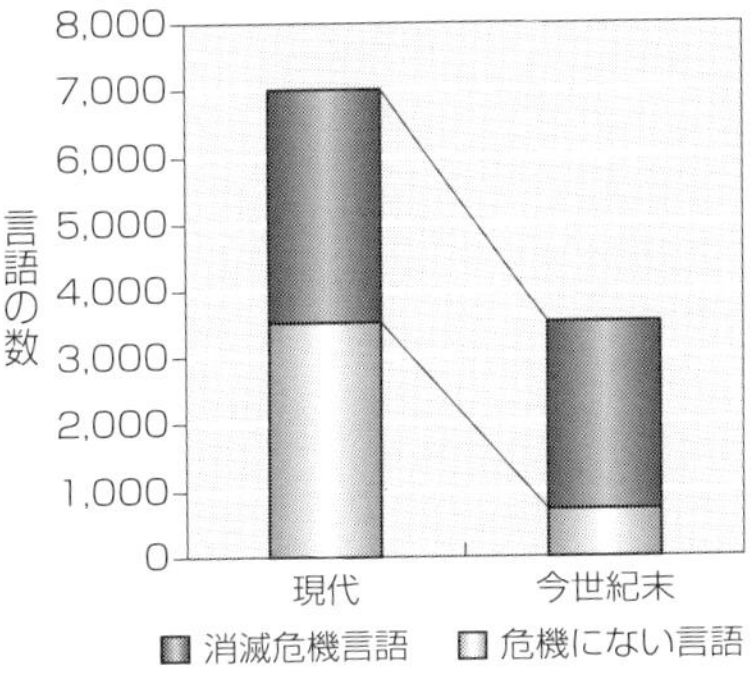

図4　世界の言語の現状と将来の推定

（出典）日本言語学会危機言語小委員会ホームページ http://www.fl.reitaku-u.ac.jp/~schiba/CEL/index.html をもとに作成。

（注）消滅危機言語とは、話者が6,000名以下となった言語。

言語の数を、人間文化の多様度を示す指標のひとつと考えるなら、この状況は人類の生存にとって危機であろう。

しかし、グローバリゼーションそのものは、危機でもなんでもない。ある文化が主流になるという動きは、これまでもあったし、これからもあるだろう。

ただ、もしある文化が、その文化にとっては一風変わったと考えられるライフスタイルや価値観の存在を認めず、抑圧しようとするなら、それは人類の生存にとってたいへん危険なことである。ある特定の文化への極端な固執や信仰は、氷河期の終わりにあたって発揮された人類の適応力を失わせてしまうかもしれないからだ。

それなら、いまある文化の多様性を維持するために、私たちは何ができるだろうか。危機に瀕した文化を囲い込んで、保護の対象にすればいいのだろうか。民族の固有性なるものを維持するために、他国との交流を制限すべきなのだろうか。

そうではない。なぜなら、歴史を長い目で見るという本章でとってきた立場からすれば、それは結局のところ、まったくの逆効果だからだ。人は、何もないところから新たなアイデアを思いつきはしない。新しい発想は、新しい世界からの新鮮な情報によって刺激され、うみだされるからである。

石器時代の人類は、世界について狭い範囲のことしか知らなかったにちがいないという偏見がある。自分たちの生活圏の外には、人間ならぬ異界の恐しい生き物たちがいるなどと思っていたにちがいない、と。しかし、実際には、旧石器時代以来、人類は非常に広い範囲でお互いに交流を繰り返してきた。

少なくとも、互いの文化についての何らかの情報はきわめて広く世界中でやりとりされてきた証拠がある。たとえば、旧石器時代には、同じ石器技術の広がりから見た文化の広がりは、ときには直径数千キロメートル以上の範囲におよぶ。また、中石器時代以降になると、世界各地で文化の地域性が非常に強くなりだすけれども、一方で、特定の物品が非常に広く行きかい、互いの密接な交流が維持されていたといわれている。

日本の縄文時代は、氷河期の終了からほぼ一万年つづいた狩猟採集文化の時代と考えられているが、この時代の後半には、富山県と新潟県の県境の海岸付近でしか産出しない翡翠を用いたペンダントが、北海道から九州までの広い範囲で交易によって流通していた。

じつのところ、土地に縛られることの少ない狩猟採集文化こそ、非常に広い範囲の土地を利用し、互いに交流する傾向がある。農耕社会になり、狭い土地のなかでの自給自足の傾向が強くなると、かえって異なる社会間での大規模な情報の交流が少なくなるのだ。

しかし、農耕社会以降になると、商人や都市が登場し、異なる文化の間をつなぐ役割をになう。このように、長い歴史をつうじて、人間の社会はけっして閉ざされてはいなかったし、おそらく完全に閉ざされた社会は、遅かれ早かれ歴史から姿を消していっただろう。文化の多様性の維持のためには、異なる文化の間の幅広い交流の維持が必要不可欠なのだ。

ここまで述べてきたように、文化の多様性は、人類の生存のために必要である。そして文化の多様性を維持するために必要なのは、ほかの文化や一風変わったものに対する包容力であり、社会間の広範な交流の維持である。

しかし最後にもうひとつ、文化の多様性を維持するために必要なのは、自然環境における生物の多様性であろう。もし、ある特定の文化に必要なだけの生物資源を残して、その他の生物が消えてしまったら、新たな文化がうみだされる余地は非常に小さくなるにちがいない。

産業文明による環境破壊によって、現代の主流文化に必要だと思われる自然環境だけが残されるとすれば、将来の人類の柔軟な適応力を失わせる、きわめて危険な現象だといえよう。ただ、一方で、いきすぎた環境保護思想によって、特定の文化をもちあげて賞賛し、異なる文化の価値や社会間の相互交流を否定するような動きがあるとすれば、注意が必要だ。自然環境保護の名のもとに、人間の文化多様性を、そして多様な生き方をうみだす能力を奪ってしまっては本末転倒だからである。

◉参考文献

サーリンズ、M　一九八四『石器時代の経済学』山内　昶訳、法政大学出版局。
Close, A. E. ed. 1989. *The Prehistory of Wadi Kubbaniya Volume3: Late Paleolithic Archeology*. Dallas: Southern Methodist University Press.

第5章

生活のなかの生物多様性

佐藤洋一郎

はじめに

これまでのところでは生物多様性の個々の問題を掘り下げて議論してきた。テーマもその取り上げ方も章ごとに異なり文字通り「多様」な議論が展開されたが、生物多様性の問題は何も学問の世界だけの問題ではない。私たちの日々の暮らしにもかかわる身近な問題でもある。ここでは、本書のしめくくりとして、この身近な問題としての生物多様性を取り上げてみたい。特に最近問題となりつつある食を中心に議論を展開してみたいと思う。

身近な問題としての生物多様性を取り上げたことには意味がある。生物多様性を守ることが、「生存」という人類の根幹にかかわってくる大問題だからである。多様性をめぐる問題のひとつに、「なぜ多様性を守らなければならないか」というものがあるが、この問いに対する答えはそうむずかしくない。それは身の回りの多様性を確保することが人類の今後長期にわたる生存にかかせない条件だからである。

食の生物多様性

狭まりつつある食材の幅

現代日本人は究極のグルメブームのさなかにいる。「デパ地下」の食料品売り場には世界中の食材が並び、それを買い求めるお客でごった返している。コンビニ弁当やファーストフードをはじめとするいわゆる中食（なかしょく）・外食産業も売れ行きは好調である。一見すると、日本の食はとても豊かで、それこそ多様な食を満喫しているようにも思われる。

ところが意外なことに、日本人の食は、ある意味でここ五〇年ほどの間に明らかに貧しくなっている。このことは、たとえば口にする食材の種類に現れている。日本列島全体で考えてみると、いつでもどこでも同じ野菜が並んでいる。むろんなかには、沖縄のニガウリのように、全国に広まったものもあるが、多くの地方野菜は姿を消してしまった。南北二四〇〇キロの長さをもつ日本列島のいたるところで、同じ種類の野菜がいっせいに並んでいるさまは異様でさえある。要するに地域性、あるいは地域の個性がなくなってしまった。これに追い討ちをかけるように「旬」がなくなった。代表的な夏野菜であったはずのトマトやキュウリは、いまや一年中品切れになることはない。反対に、ある季節にだけ現れる野菜はどんどん減少している。

肉や魚の食材についても多様性は低下している。日本ではついこの間まで、いろいろな渡り鳥、田などにいるタニシ、ドジョウ、カエルなどの水生動物、山にいるイノシシ、シカ、ウサギなどの小動物などが食料として広く利用されていた。イナゴやハチの子などの昆虫も、貴重なたんぱく源であった。それが、いまでは肉といえばウシ、ブタ、ニワトリばかりになってしまった。魚についても、以前は各地で捕れたさまざまな種類の魚が食べられていたが、いまでは養殖ものや遠洋で捕れた大型魚の切り身が中心になってしまっている。いきおい食卓に並ぶ魚の種類は減り、しかも地域性はなくなった。

このように見てみると、要するに今の日本では、肉、魚、野菜を問わず、いつでもどこでも同じような食材を食べる傾向がどんどん強まってきていることがわかる。

ダイエットと健康志向が低下させた食の多様性

消費される食材の種類が減る原因としてもうひとつ、食べることに無頓着、ないしは食べることを軽んじる風潮があげられる。グルメの時代にそんなことがあるかと思われるかも知れないが、残念ながら事実の一端はそうである。

とくに女性の間に広がるダイエットは食の多様性を大きく減らす働きをしている。彼らのダイエットは極端で、摂取カロリーが一二〇〇キロカロリーから一五〇〇キロカロリーという、じっとしているだけでも消費する最低限のカロリー（基礎代謝量という）ほどしか摂取しないのだという。そうすると摂取する食材の種類は当然大きく減少する。

必要な栄養素を自然の食品でまかなえない彼らが頼るのは「サプリメント」などの補助食品であるが、そのほとんどは工場製品である。ダイエットに励み、必要栄養素の一部をサプリメントで補う生活習慣は、食の多様性を根本から奪っている。医療の一環として処方されるケースを別として、サプリメントに頼る食生活は見直されるべきである。

さらに最近の異常ともいえる「健康志向」は、健康によいといわれた食物ばかりを食べるという、じつに奇妙な消費行動をうみだした。ある商品が健康によいとテレビなどで宣伝されると、その商品はその日のうちにスーパーから姿を消してしまうとさえいわれる。

だが、もともと雑食動物である人間にとって、どんな食品でも、そればかりを食べ続けることが健康によくないことは明らかである。もうだいぶ前のことだが、赤ワインのポリフェノールが体によいと宣伝されたとたん、赤ワインが市場から姿を消したことがあった。しかしワインは酒であり、赤ワインの飲みすぎはアルコールの摂りすぎにつながって健康を損ないかねないことは明らかである。

いずれにしても、最近の食に関する日本人の行動は明らかに多様性を損なう方向に傾いている。むろん、いまでも、努力さえ惜しまなければ食材の多様性は確保できるわけだから、多様性の喪失は一面では個人の問題であるにちがいはない。だが、これだけ問題が顕在化してくると、もはや日本社会全体の食の構造にかかわってくることは避けられない。

教育も食の多様性を減少させた

「教育が食の多様性を減少させた」などと書くと、学校の現場からは猛反発を受けそうだが、ここではあえてこのことを書いておこうと思う。

最大の問題は戦後すぐにはじまった学校給食にある。戦後の学校給食は、飢えから子どもたちを救うという画期的な役割を果たしていた。しかし「飽食の時代」のいま、給食には当時のような使命はもうない。むしろ給食をめぐって最近話題になったことはといえば、「残さず食べること」を強いられて給食ぎらいになったとか、食物アレルギーをもつ子が原因食材を食べてショックを起こしたなど、消極的なニュースのほうが多い。最近は、こうした点にも配慮が払われるようになりつつあるとは聞くが、それでもトラブルは後をたたない。

食も自我のうちであることを考えれば、「今日何を食べるか」はその子や家庭の判断による部分がおおきいのは当然のことで、体調や嗜好から生まれ育ちにいたるまで何もかもがちがう子どもたちに一律に何かを食べさせることの良し悪しは問われてよい。ましてや最近のように大きな給食センターで大量に調理した食品を、何千人という子どもたちが一様に食べなければならない理由は、どこにもみあたらない。

もちろん、これだけ女性の社会進出がすすみ「働く母親」が増えたのだから、単純に弁当の復活をいおうとは思わない。だが、育ち盛りの子の食を他にゆだねるのであるから、家庭は給食というものにもっと関心を払ってもよいのではないかと思う。

もっとも最近、家庭によっては食がめちゃくちゃになっていて、子どもの栄養がかろうじて給食でまかなわれているという話を聞いたことがある。皮肉にも学校給食が子どもの食を守る時代がふたたびやって来ているのかもしれないが、もしそうだとすれば日本の子どもたちの食の事情は戦後すぐの時期にまで後退しているということにもなる。

二番目の問題は日本食の軽視である。戦後の一時期、学校では「家庭科」などを中心に欧米の食事のスタイルがさかんに紹介された。反面、米(こめ)を中心とする伝統的な日本食は排除された。最近でこそ、ごはん給食の機会が増え、また日本食を見直す動きもさかんだが、いったん失われた食の伝統は容易には戻らなかった。

それは今流にいえば「食のグローバリゼーション」ということになるのだろうが、こと食に関していえばグローバリゼーションはあまりに多くの負の遺産をわれわれに残した。これについては改めて書くことにする。

三番目の問題は学校教育が食材のもつ栄養を六つの栄養素に還元してしまったことである。つまり学校では六つの栄養素とそのバランスは教えたが、個々の野菜の旬の味や風味、独特の苦味や酸味など食材そのものの個性はまったくといってよいほど無視された。昔の人なら誰もが知っていた、からだを冷やす食品、あたためる食品、などの知恵も、いまではまったく忘れられてしまった。

いまでは食材は、たとえばトマトは「リコピンを多量に含んで疲労回復にいい」し、「サツマイモのポリフェノールは老化防止やがん抑制によい」としての評価しか受けられない。そしてこのことが、個々の食品に対する関心を薄める原因となった。さらにそれがサプリメントという、じつに奇妙な「食品」の過剰なまでの流行を生む素地をつくったのであろうと思われる。

■米(こめ)の品種の多様性

多様性の低下は、ひとつひとつの食材にも顕著に現れている。このような、ひとつの種のなかの多様性を、遺伝的多様性と呼んでいる。

コメを例に考えてみよう。日本列島にあったコメの品種の総数は明治中ごろには四千品種を超えていた。ところが、いまでは一六〇品種ほどしかない。しかも全水田面積の約四割をコシヒカリというひとつの品種が占めている。そればかりか、作付面積の七割を上位五品種だけで占めている。しかも、これら五品種はコシヒカリの子か兄弟親戚のような品種である。現代日本の米（コメ）は遺伝的にみてその多様性を著しく失っている。

なぜそうなったかについては多言を要しない。人びとがみな「おいしい米」を追い求めたからである。だが、寿司にあう米とおにぎりにあう米とはちがっているはずである。ましてやパエリアにする米とおにぎりの米とでは、なおさらである。コシヒカリだけを追い求めたということは、日本人の多くが米の味を区別できなくなっていることを如実に物語っている。

かつてはひとつの品種のなかにも多様性がみられた。品種のなかに多様性があるというと変に思われるかもしれないが、厳密にいうとイネの品種はまったくのクローンではない。コシヒカリでさえも、コシヒカリA、コシヒカリBとでもいうべきいくつかのタイプがある。コシヒカリAとコシヒカリBとは区別ができず実用上問題にならないというだけのことである。

だが、「実用上問題にならない」範囲は、時代により文化により、さまざまに異なってくる。たとえば私が長年調査をしているラオスのある村では、イネの品種は日本の品種よりははるかに雑駁である。あるとき、村長さんの家で来年の種まき用の籾を見せてもらったことがある。一八リットル入りの缶一杯に詰められた籾は色、形、表面の毛の有無など、いくつもの性質についてさまざまであった。ざっと勘定しただけで、私はなかに一一もの異なるタイプがあるのを見つけた。

種籾の遺伝的多様性。多様性は翌シーズンにも持ちこされる

私が、「缶のなかには、いろいろな種子が混ざっているが」と質しても、彼は「それがどうした」といわんばかりの表情で、とにかくこれはモチ米のある品種で早く種を播いて早く収穫する早生の品種だといってゆずらなかった。

村長たちに籾だねの違いが認識できなかったのではない。早生でモチ、という性質が守られていれば、種子の色や形が多少ちがうことなど、どうでもよかっただけのことなのである。

人体とその周辺に起きていること

人体という生態系

われわれの体の表面や内側には、無数の微生物がすみついている。われわれはこれらの微生物を善玉と悪玉とに分けたがるが、その多くは善玉でも悪玉でもない、いわば中立な存在である。しかも、おもしろいことに、善玉も中立も、数が多くなりすぎると悪さをする。

また独立した微生物ではないが、体内にいる白血球やマクロファージなども、微生物と人体のかかわりに大きな役割を果たしている。さらに人によっては、マラリアの原虫や寄生虫を「飼って」いることもある。このように人体もまた、いろいろな生命体がすむひとつの生態系である。

多様性の喪失は人体という生態系にも起きている。寄生虫学者の藤田紘一郎さんは、『笑うカイチュウ』（講談社）という本のなかで、アレルギーの激化と寄生虫の減少との関係を説き、最近の過度の消毒に警告を発している。アレルギー症状の改善のために寄生虫を「飼う」というのも勇気のいる話であるが、藤田さんがいわれるように最近の人体は消毒されすぎである。

水のある生活。メコンデルタ（ベトナム・カントー市）で

新型肺炎（SARS）や西ナイル熱など、いままでになかった伝染病がしばしばはやるわけだから、とくに乳幼児や老人のいる家庭では、伝染病を媒介する昆虫や小動物に神経質になるのはしかたあるまい。たしかに、いまの身の回りをきれいにすれば病原菌や害虫を遠ざけることができるので、身の安全にはよいことのようにみえる。だが、それも度を過ぎると生物多様性に大きな影響をおよぼし、かえって身の危険を招くようになる。

東南アジアの田舎を歩いていると、子どもたちがそばの川で遊んでいるのをよくみかける。みれば水は泥のように茶色い。生活排水は流れ込むし、家畜もやってくる。洗濯にも、食器洗いにも、この川の水が使われる。彼らは、子どものころからここで水浴びをしながら、さまざまな微生物に遭遇してきた。それが病原性をもっていた場合には発病することもあっただろうが、その代償として免疫を獲得してきた。こうして大人になった人びとの身体には、多くの病原体に対する抵抗力がついている。免疫は終生の財産である。つまり彼らの身体そのものがその土地の生態系と一体化しているのである。

もし私がそこで、彼らと同じように水浴びをしようものなら、数日の後には間違いなく病院送りになるだろう。私は、彼らがもっているであろう抵抗力を持ち合わせていないからである。いまの日本人の多くは、病原菌に感染して免疫をつける前に、病原菌に遭遇するチャンスが少なくなっている。また仮に遭遇したとしても、抗生物質の投与などの医療行為によって病原菌は速やかに排除される。それはよいことで、そのことによって感染症の発症はたしかに減った。しかしその代償として、私たちの体は、免疫の力を未発達にし、またあらゆる微生物から遠ざけられた。何らかの原因で多様な微生物がすむ環境下におかれたとき、私たちの体はまったく無防備である。

■生き物が遠ざけられてゆく

豊かな里のなかで暮らしてきた日本人は、昔から、そこにある生き物を巧みに使いこなしてきた。食料には、山野草を含めさまざまな動植物が使われた。昔話に出てくる「しば刈り」は

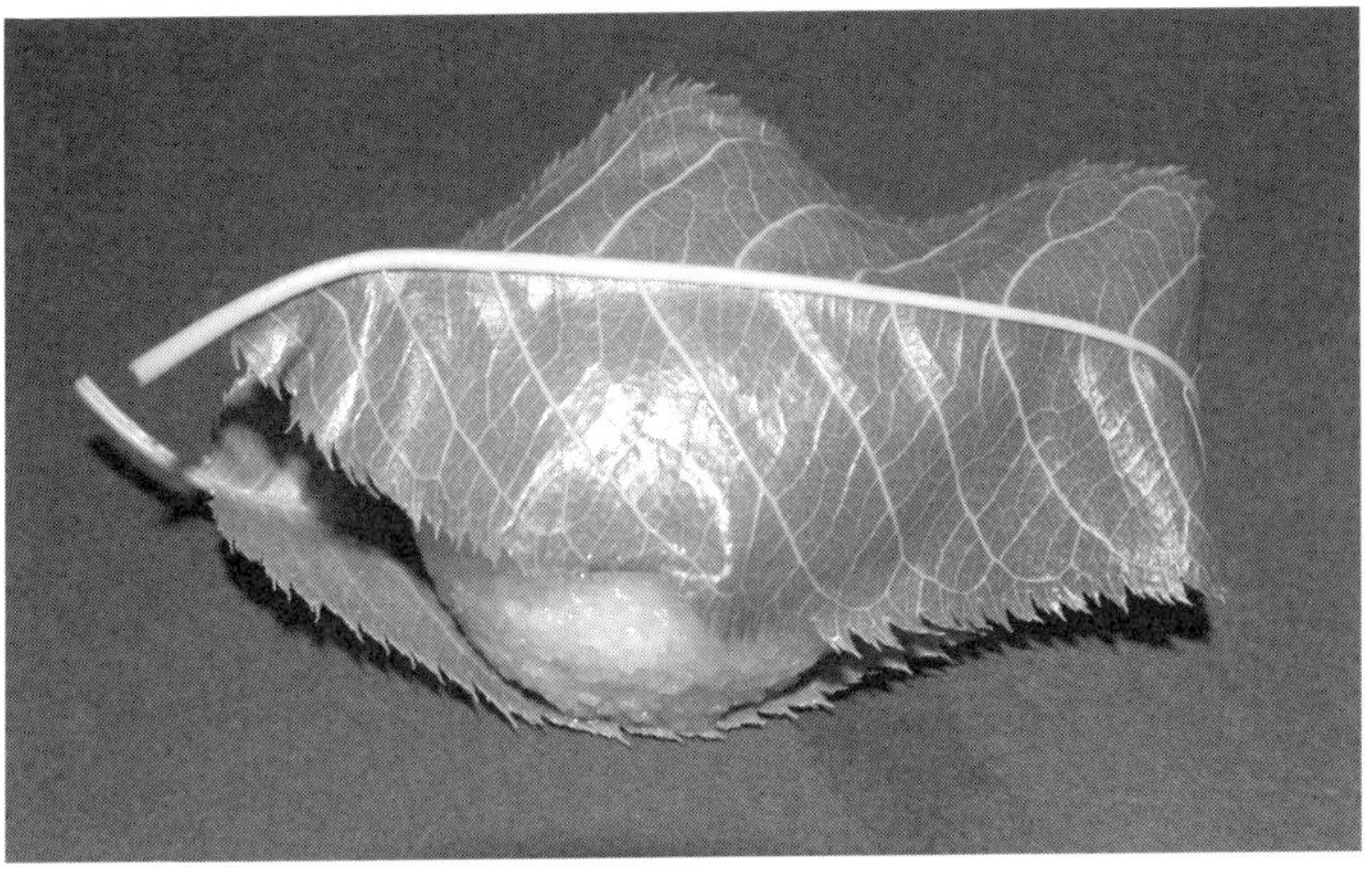

葉で巻く食品の代表、桜餅。サクラの葉に含まれるクマリンの殺菌作用を巧みに利用したものといわれる

カヤなどの草や潅木を燃料用に刈り取る作業であった。桜餅のサクラの葉のように、多くの植物の葉が包装材として使われたし、フジやサネカズラのつるは紐として使われてきた。薬として使われてきた植物も数多く知られている。里や周囲の森の植物は、人びとの生活を支えてきたのである。

人が入ることで里は適度にかく乱を受け、それらの人里の動植物に都合のよい状態を保っていた。こうした、人と里とのいわば共存のうえに暮らしがなりたっていたのである。

ところが、いまでは人里の植物たちとのかかわりがなくなろうとしている。お菓子屋さんの店先に並ぶ桜餅のサクラの葉はビニール製の味気ないものになりつつある。まな板は木製のものからどんどん樹脂製のものに代わろうとしている。薬草をとりに野原に出かけるなどということもない。

公園もいたるところで外来の植物である芝生が使われ、しかも「芝生に入らないでください」の看板が目につく。芝生には最近殺菌剤などが撒かれることが多く、そこに立ち入るとその害を被る恐れがあるからであろうが、もし芝生のかわりに日本の在来の植物を植えておけば消毒の必要もない。

植物園でも、――一面しかたないことではあるが――「花や枝を折らないようにしましょう」と書かれていて、枝や葉を折ってその香りを確かめることもできない。

自然に親しむ教育をするはずの学校でも、子どもたちは自然から切り離されようとしている。何年か前、西日本のある教育施設で庭にある藤棚の藤の花を切るという「事件」が起きた。しかも花が切られたのは花の盛りの時期である。管理者は花に来るハチが子どもを刺すのを恐れての措置だったというが、この施設の子たちはせっかく藤棚という財産をもちながら、フジの花とハチという二つの生き物から遠ざけられてしまった。それと同時に、ハチは時として人を襲うことがあることを学習するチャンスをも奪われてしまった。

■きれい好きな日本人

いまの日本人はきれい好きである。それも過度のきれい好きである。

「朝シャン」にはじまり、体臭や部屋の匂いを抑える商品や、「抗菌」と銘打った商品がとぶように売れている。「抗菌グッズ」などという語が流行語になるほどだから、相当数のファンがいるに相違ない。家のなかに入ってきた一匹のハエやカにやたらと神経質である。

いまでは薬局などに行くとさまざまな種類の殺虫剤が売られている。下水道が整備され水洗トイレがあたりまえになった現在では、ハエをみることなどほとんどなくなった。だから一匹のハエがよけいに汚くみえるのである。

最近の家は昔の家にくらべて狭く機密性が高くなった。昆虫や微生物を排除することができると、多くの人が勘ちがいをしている。カーペットのダニや小さな昆虫を駆除したり衣服の雑菌をとったり、身の回りをきれいにするための商品がどれも売れ行きが好調なのも、そのせいである。

台所のまな板はどうだろうか。まな板は以前から雑菌の巣といわれ、ちょっと注意を怠るとそれを媒介して食中毒が発生するとされた。いまでは多くの家庭が木製ではなく真っ白な樹脂製のまな板を使っている。最近ではそれを手軽に殺菌する薬剤までが市販されている。

また最近では、よほどの田舎でないかぎり、道路は舗装され雨の日でも特別の履物がいらなくなった。長靴など、その名前自身が死語と化しつつあるほどで、これにあわせて駅やその他の公共の施設がきれいになった。床はどこへ行ってもぴかぴかで、しかも清掃が行き届いている。

さらに「緑」が大事だといわれれば、自治体などがちょっとした公共の空間に芝生を植え花壇をつくる。雑草が生えないように除草剤を撒き、また消毒もする。植物に親しむ仕掛けのはずの芝生や花壇が、かえって私たちを生き物から遠ざけてしまっている。

このようにして私たちは、家の内外で生き物たちとのかかわりをなくしてきたのである。

■無臭へのこだわり

「きれい好き」の延長か、最近の日本人には無臭への志向性がとても強い。汗のにおい、トイレのにおいなど、異臭・悪臭はたしかに誰もが嫌がるもので、できることならそういうものは根元から断とうというのは自然な発想であろう。

しかし最近の無臭志向は明らかにその範疇を超えている。近ごろでは無臭は町全体におよび、においを発すること自体——たとえば魚を焼くこと——までがはばかられる。

若い人たちは、においに対して不必要なまでに敏感である。体臭は動物にとっては自分のテリトリーを主張したり異性を誘ったりするのに欠かせないもののひとつである。その体臭を必要以上に消そうとすることは動物としての人間の存在を、みずから否定するようなものである。

いきすぎた無臭志向にはまだ問題がある。そもそも、においの感覚は、身に迫った危険を察知する感覚のひとつとして発達してきた。異臭をかぎわけることは危険を察知するのに重要である。昔の母親たちは乳児の便のにおいで健康状態を判断したというが、これもにおいによって病気という危険を察知する方法のひとつである。

においを嫌う風潮は食品にもおよんでいる。ぬかみそなどは、そのにおいが敬遠されるもとだという。このことと軌を一にするかのように「くさくないピーマン」「くさくないニンニク」がよく売れる。においの強い食品は遠ざけられ、においを取り除いた、あるいは弱くした特定の品種だけが世に出てゆく。しかし、こうしたことが食品への嗜好性を狭くし、またひいては嗅覚の発達を阻害しているように思われる。

嗅覚が未発達なのだから香りに対する感覚も鈍感になるのではないか。香りはおいしさの大きな要素のひとつである。鼻が詰まったときの味のなさは誰もが経験するところである。無臭の環境で育った子どもに、細やかな味が理解できるようになるだろうか。味が理解できない人が増えていけば、食文化は衰退し、食の消費、生産はさらに減退する。無臭の追及は、まわりまわって食や生態系を駄目にしてゆく。

生活空間のなかの生物多様性

■田畑の生物多様性

衣食住に必要な素材を生産する田や畑でも、生物多様性はここ五〇年ほどの間に確実に低下してきている。作物として栽培されている植物だけを例にとってみても、植えられなくなった植物種のほうが、新たに植えられることになったものよりずっと少ない。とくにアワ、キビ、ヒエなど「雑穀」といわれる穀類、ワタ、アサなどの繊維植物や地域固有の野菜などは、野生植物ならば「絶滅危惧種」に相当するほどにみられなくなった。キッチン・ガーデンと呼ばれる小規模の菜園もめっきり姿を消した。

空き地、川の河川敷など、かつては放置され草ぼうぼうだった土地は、いまでは「整備」され、公園や多目的広場に姿を変えてしまった。見かけ上はきれいにはなったものの、そこにすむ生き物たちはほとんどいなくなった。

一枚の田んぼのなかを見わたしてもイネ以外の生き物がほとんどいない。イネ以外の植物は「雑草」として、抜かれるか除草剤によって殺されてしまう。昆虫もまた、害虫駆除の名目で

水田の風景。（上）日本、（下）ブータン

みな殺しの目に遭う。えさを失って、ドジョウやタニシなどの小動物はほぼ完全にその姿を消してしまった。田の周辺の畦や水路もコンクリートで固められ、そこに生きる生き物は大幅に減った。

田畑の多様性を奪ったもうひとつの要因は加工食品、半加工食品の増加にある。これらは安い食材を大量に買い付けることで成り立っているが、安い食材の多くは輸入品であるし、国産品の場合でも契約栽培のようにある地域で大量に生産されたものが使われる。

安い食材の追求はいきおい、地域の畑の多様性を減少させる。そればかりか列島全体でみても、栽培される植物の種類を減らすことはあっても増やすことはない。安いものを買おうという消費行動はむろん責められるべきものではないが、長い目でみれば、「安物を買って銭を失う」の感はまぬがれない。

■里におきていること

山口県阿東町に住む吉松敬祐さんは最近、「山が攻めてくる」と感じている。畑として開いた土地がいつの間にかやぶに変わってしまったり、山から人の気配がどんどん薄れているように感じたりするのだという。

また島根県の過疎村に住むある老人は、周囲の環境を「緑の地獄」と表現した。過疎が進み人口が減りつづけると、集落はもはや生活の単位としての機能を果たさなくなる。冠婚葬祭などの行事はおろか水路の手当てさえできなくなる。高齢者が圧倒的に多く、もはや外の仕事はろくにできない。それまでの美田はカヤやヨシの生い茂る休耕田となり山は荒れ果てる。家の周りにまで草木が押し寄せ、あらゆるものが「緑」に飲み込まれる。緑の地獄とは、まさに言いえて妙である。

いま西日本の過疎地帯では、こうした緑の地獄が増えつつある。そもそも「里」は、植物を栽培し家畜を飼うことで人間がつくりあげた生態系である。栽培や飼育という行為は、生態系を深い森にしようとする自然の力（これを遷移という）に逆らって人の住みやすい状態にとどめようとするもの（これをかく乱という）である。里は、遷移とかく乱という、相反する二つの力のバランスの上に立ったデリケートな生態系である。

麦畑の中のポピーは雑草扱いされる
（南フランス・モンテリガール）

里には、人と、人がつくった動植物で

ある作物や家畜がいる。さらに、作物や家畜のようにはっきりと人に管理されているわけではないが、なんとなく里にいる動植物たちもたくさんいる。植物の場合には「人里植物」と呼ばれている植物たちがそれである。また里にいる動植物のなかには、雑草、害虫、病原菌のような、いわば「招かれざる存在」というべき生き物たちも含まれる。

人間の文化が成熟してくると、やがて文化と文化の間の交流が生まれ、いままでにはなかった作物や家畜が持ち込まれる。またそれに伴って、新たな雑草や害虫もやってくる（随伴動物、随伴植物といわれる）。このようにして、里にはさまざまな生き物が生息するようになる。里は、人がつくった多様性にとむ生態系でもある。

過疎によって人が減り、かく乱の力が弱まると、里は深い森に向かって遷移をはじめるようになる。里はもはやそれまでの里ではなくなり、そこに住む人びとや人がつくった動植物に凶悪な牙をむくようになる。里の生物多様性は奪われ、人の生活の基盤は次第に失われる。過疎問題は人口の減少だけが問題なのではない。それは、日本列島の里の崩壊を招き、ひいては人の生存をも危うくする、きわめて由々しき問題である。

森におきていること

森というと、とかく私たちは「原生林」とか「原始林」などの、人の手が加わらない森を思

(上) 落葉広葉樹の紅葉（奥日光）
(下) 照葉樹林（島根県八束村）

いがちだが、実際のところ日本列島には原始林はほとんど残されていない。

人びとにとって多くの森は、さまざまな資源を手にする場であり、したがってそこはめぐみの森であった。いったんそこに分け入れば、食べ物はむろん、生活に必要なさまざまな物資が手に入った。

同時に森は、生活には欠かせない水を蓄える貯水池の役割も果たしてきた。このことは、じつは近世から知られており、たとえば箱根山ろく（静岡県函南町）には江戸幕府の命により、水源を確保するための「不伐の森」が定められていた。

以前の日本列島の森は、大きく分けると東日本では落葉広葉樹の森、西日本は常緑広葉樹の森であった。西日本の常緑広葉樹の森は、葉が日の光を受けて輝いて見えるために「照葉樹」とも呼ばれている。

しかし森の多様性は、ここ数十年の間に大きく減少した。その最大の理由はスギやヒノキなどいわゆる有用針葉樹の植林のためである。針葉樹の植林は富国強兵の政策に基づき全国的に進められた大事業であったが、それが森の多様性を小さくし、そればかりか花粉症の原因となって人びとを困らせるようになったのだから皮肉なことである。

森の景観は、とくに落葉樹の森で季節感に富んでいる。東北地方などに広がる落葉樹の森は、春には萌えるような新緑の森となり、また秋には紅葉の森となって、見るものを飽きさせることはない。

ところが植林の森にはそれがない。一年をつうじて黒々とした色合いを呈するばかりである。針葉樹は、広葉樹にくらべて他の植物の苗や昆虫、微生物などを排除しようとする傾向が強い。そのため針葉樹の森では、生えている木ばかりか、そこにすむ動物や昆虫、微生物にいたるまで、生物多様性のレベルは低くなる。北山スギのみごとな美林も、生物多様性の面からみると手放しにはほめられないことになる。

最近、「森が荒れている」という声を耳にする。せっかく植林したスギなどの森が人手不足などのために放置され、雑木が入るなどしてせっかくの植林の努力が無駄になるというのである。だが森にしてみれば、遷移の力にしたがって、その本来の姿に戻ろうとしているにすぎない。「荒れる」という言い分は人のかってな言い分なのである。

しのびよる危機

■切れつつある食の連鎖

人類はその長い歴史のなかで、みずからが住む土地でとれた動植物を食べて暮らしてきた。

物質循環の観点からいえば、人体といえどもすべてがその土地の物質からできていた。農業や牧畜がはじまってから後も、このことは変わらなかった。つまり人は、その誕生以来ずっと、生態系の一員として暮らしてきた。ところがこの五〇年ほどの日本列島では事情が変わってきている。

まず、国産の食べ物の消費がどんどん落ちている。とくに、中食や外食に食をゆだね、またダイエットに熱心な若い世代にその傾向が著しい。彼らが親となって子育てをするようになると、この傾向は一般家庭のなかにも浸透し、やがては全世代に共通の傾向になる日が来るだろう。

このことに呼応するかのように、中山間地での里の崩壊が進みつつある。過疎化が進行して、数百年かけて祖先がつくりあげた「里」という生態系が、遷移の流れにおされて人の住めない森へとその姿をかえつつあるのである。

日本列島では少なくとも高度成長のころまでは田舎が食べ物をつくり都市で消費するという食の循環が成り立っていたが、いまではその循環は断ち切られてしまった。食材の生産の多くは外国か、一部の大規模経営の農業にゆだねられ、里はもはや生産の場ではなくなりつつある。このままいけば、日本列島はやがて、一部の大都市地域と人を受け入れることのない深い森の地域との二極に分化していくにちがいない。

かつて食料輸入をめぐる議論のなかで、食料安保論がしきりにいわれたことがあった。食料を自分で生産することが国の安全保障上きわめて重要だというのである。一個の独立国として食料自給率をある水準にまで高めるのは当然のこととして、いまの日本が食料自給率を高めなければならない最大の理由は、食料安保などという「生やさしい」ところにあるのではない。国土が、人が住める環境として維持できるか否かという、生存の根幹にかかわってきている。このことに早く気がつくかどうか、日本という社会の将来のＱＯＬはまさにこの点にかかっているように思われる。

清浄野菜は環境にやさしくない

ちょっと前にはやった清浄野菜も、同じ問題をはらんでいる。清浄野菜は温度や湿度や光をよくコントロールした植物工場内で、栄養分をきちんと管理した培養液のなかで育てた野菜である。こうした栽培だから生育は早く、栄養価も、測定ができるものについては申し分ない。また閉鎖された空間内での栽培のために害虫や病気の心配が小さい。そこで無農薬で栽培できるというのが売りとなり、一時、ブームのような売れ行きを示したことがある。

しかし、人間が食べる野菜を全部植物工場で生産しつづければどうなるか。温度などの環境のコントロールに要するエネルギーは膨大なものである。しかも、それはたちどころにコストに跳ね返り、野菜の値段はいやおうなく高くなる。それだけではない。栄養分豊かな培養液が無菌でありつづけるはずがない。当然殺菌を必要とするようになる。そうすれば、それは農薬を使ったも同じことであり、消費者が求めたクリーンとは異質のものになってしまう。

さらに、こういう生産システムでは鳥インフルエンザの場合と似たような事故が起こりうる。清浄野菜をめぐって起きた事故は私が知るかぎりない。だが、多様性が低下した生産現場では、事故は現実に起きている。O－157禍がそれである。

この事故では、病原性大腸菌O－157による集団食中毒が起き、犠牲者も出た。学校給食でも犠牲者が出たため、事態は深刻であった。

食中毒を媒介した原因食材は今もわからない。だが仮に原因食材が培養液で生産された生野菜であったとしても、その生産者が培養液を消毒していなかったわけではあるまい。殺菌が行なわれたからこそO－157は繁殖したのではなかったか。雑菌がうようよしている間はどれか特定の菌だけが増殖するチャンスは少ないし、ましてや繁殖力の弱いO－157は繁殖の機会をほとんどもたない。O－157には、いまのところ、殺菌剤や抗生物質に対する耐性は幸いにして備わっていないから、消毒が行なわれつづければO－157も繁殖はできなかったはずである。ところが、培養液を不用意に滅菌すると、培養液という生態系内の多様性が低下する。消毒が何かの事情で遅れたり薬剤の量が足りなかったりすればどうか。その一瞬の「隙」をついてO－157が繁殖する可能性は高い。

多様性の喪失が私たちの食材を危険にさらすことがある。清浄野菜で事故が起きていないことは幸運なだけであって、つねに危険性はあるのだということを理解しておくべきである。作物はやはり、大地を舞台に生産されるべきである。私は、そう考える。

■伝染病と生物多様性

生物多様性が減っていくと、人だけでなく、周囲にいる動植物の生存や生活にもいろいろ具合の悪いことが起きてくる。本書のテーマである「生物多様性が減ると何が悪いのか」という問いに対する答えは、じつは案外簡単である。それは、さまざまな面で人の生活を危機に陥れるから、である。

昨年、京都などで起きた鳥インフルエンザの流行にも、多様性の喪失が深くかかわっている。鳥インフルエンザの流行は、表面的には、発病したニワトリを放置した養鶏業者の怠慢にあったように見えた。行政も司法も、一軒の問題農家を起訴し有罪判決を下すことで問題の幕をひいてしまった。だが問題の本質は「怠慢な農家の過失」などにあったのではない。

鶏小屋をひとつの生態系として考えてみよう。せまい鶏舎のなかに互いに兄弟同士のようなニワトリを多量につめこみ、高カロリーのえさと適度の温度と水分を与える。

これがいまの鶏舎の実態だが、こうした鶏舎の環境は病原菌にとっては格好の環境である。

だから、ニワトリたちが病気にならないように殺菌剤や抗生物質を与える。すると鶏舎のなかはちょっとした無菌の状態になる。つまり小屋内の微生物の多様性が損なわれる。

こういうところに、抗生物質に耐性をもった菌や、そもそも抗生物質の効かないウイルスなどが入り込めば、どうなるか。栄養分はたっぷりあるうえに競争相手がいないわけだから、耐性菌やウイルスはどんどん増殖してその数を増やしてゆく。しかも主人公たるニワトリたちは遺伝的にきわめて均質で、かつ運動不足で体力の落ちた状態におかれている。伝染病が蔓延するのに必要な条件がすべて整っていたといえる。

不思議なことに耐性菌は他の菌がうようよいるような環境下ではうまく増殖できない。その理由はよくわからないが、増殖力と毒性は反比例するらしい。つまり彼らは毒性というしかけの獲得のために増殖の能力を犠牲にしたと考えられるのである。だから、毒性は低いが増殖力の強い、いわゆる雑菌が生息する環境下では、彼らは容易には繁殖できない。

ところが、殺菌剤などによって雑菌の数が減少すると、繁殖力が弱い耐性菌にも増殖のチャンスがやってくる。事情は、次項に述べる「院内感染」の場合と驚くほど似ている。

さらに今回の騒動では野鳥がウイルスを運んできたということになっている。このことが、小屋を締め切って外界との接触を避ける方向に業者を走らせたわけだが、私は小屋を締め切ることには反対である。

締め切った小屋のなかでは空気がよどみ、病気が発生する危険性が高まる。すると抗生物質などの投与がどうしても多くなる。インフルエンザ禍それ自身に加え、マスコミなどから総攻撃を受けた養鶏業者の心理からして、薬の量は否が応でも増えるだろう。私はそこを心配する。そのうち、日本の鶏肉は抗生物質づけで食べられなくなるのではないか。私のこの心配はけっして杞憂ではない。いまイギリスでは「英国の鶏肉は危なくて食べられない」とのうわさが広がっている。鶏肉が抗生物質づけにされている、というのである。

■伝染病とグローバリゼーション

鳥インフルエンザの前に私たちを驚かせたのがウシのＢＳＥ（牛海綿状脳症）であった。もっともＢＳＥの原因物質はウイルスのような病原性の微生物ではなく異常なタンパクにあるが、それが複製され伝染するという意味では微生物と変わらない。

ＢＳＥが海を越えて流行したのは、ＢＳＥに冒された個体の骨や肉をエサとして与えたことと、そのエサやエサを食べた個体が海を越えて運ばれたことによる。

ほんらい家畜は、その誕生以来一万年近くの間、その土地の草を食べることで育ってきた。家畜を飼うようになってからの一万年間には、当然病気も流行したし、地域的には病気による絶滅のような悲劇的な事態も起きていたことだろう。しかし、その家畜そのものが絶滅しなかったのは、感染が地域的なもので収まっていたからである。

ＢＳＥの世界的感染は、いまや病気にもグローバル化が進んでいることを示している。各地の川にすむコイなどのヘルペス感染症も大きな問題になった。こちらのほうは、その原因となったウイルスの伝播経路など、くわしいことは何もわかってはいない。

前項に述べた鳥インフルエンザにせよ、ここで書いたＢＳＥにせよ、はっきりしていることは、その伝播や流行の裏に、大陸を越えた人やものの動き、あるいは大量生産システムが介在しているということである。鳥インフルエンザの場合も、仮にその流行が野鳥によるものとしても、日本国内での伝染は明らかに遺伝的に均質な系統を大量飼育したせいである。

巷にはグローバリゼーションという語が氾濫し、それが社会の発展にさも必要なものであるかのように喧伝されている。しかし皮肉にも、グローバリゼーションがもっともよく進んでいるのは、ＩＴでも金融自由化でもなく、伝染病ではないかと私は思う。

もしグローバリゼーションが必然の産物だというなら、文化や伝統などグローバリゼーションになじまないものを保存することこそ人の知恵というものである。

■新しい感染症と院内感染

人類は感染症を克服した――多くの人びとがそう勘違いした時期があった。ペニシリンの発見以来、抗生物質の発達は世界の主要な感染症による死者を大きく減らした。とくに天然痘の撲滅はその思いを強くさせた。

ところが、そのように思われたのもつかの間、人類にはいままでに知られていなかった、さまざまな感染症が襲いかかった。ＨＩＶウイルスによる後天性免疫不全症候群（ＡＩＤＳ）をはじめ、最近では新型肺炎（ＳＡＲＳ）、西ナイル熱などが登場し、いずれも多数の死者を出すにいたった。しかも、それらに対する有効な治療法は見つかっていない。

ここでは、これらの感染症についてはこれ以上くわしく論じないが、生物多様性とのかかわりから重要な感染症が院内感染である。

院内感染を引き起こすのは、抗生物質に耐性をもった微生物であることが多い。彼らは、多様な微生物が生きる健康人の体内では増えてはゆけない。どうやら、抗生物質への耐性を得るかわりに、増殖力を犠牲にしているらしい。

増殖力がないとはいうものの、手術の後などで体力が落ち、しかも多量の抗生物質の投与で体内が無菌に近い患者の体内では、こうした微生物にも増殖のチャンスが回ってくる。しかも彼らは、病院のように、殺菌された環境下で細々と生きつづける「日陰者」のような存在である。

院内感染では、抗生物質が効かないだけ事態は深刻である。しかも患者は、本来治療のための施設である病院内で、治療によって感染症にかかるという、なんとも割り切れない立場におかれている。

院内感染の発生は、いまのところ幸いにして散発的であるが、発生源となった病院の対応が気にかかる。というのは、院内感染の本質が患者の体内、あるいは病室内の微生物の多様性が極度に落ちていることにあるのに、それに対する対応が消毒という、あいかわらず多様性を下げる方向への対応に終始しているように思われるからである。

院内感染は発生を未然に防止する以外、いまのところ有効な手立てはないようであるが、不幸にして発生したときには、人体に直接有害な作用をおよぼさない複数種の微生物を投与するなどの手はないものだろうか。こうした常識を超えたような手段を講じなければ、院内感染のようなひっ息した事態は打開できないのではないかと思われる。

衣食住に多様性を——どうすれば多様性は守れるか?

■危機増幅サイクルを断ち切ろう

近代の農業が始まってからというもの、私たちは、生産を上げることを目標にものを考えてきた。

生産を上げるために化学肥料を発明した。化学肥料に反応しない「愚鈍」な作物や品種は駆逐された。こうして、まず、栽培される植物種の多様性が失われた。

肥料を吸ってやわらかくなった植物の体には当然のように害虫や病原菌がつく。肥料を求めて雑草も増えた。それらを駆除するために農薬が開発された。農薬の乱用は生態系の植物、昆虫、微生物の多様性を著しく低下させた。

多様性が低下すると、拮抗作用が低下して特定の種だけが爆発的に増えたり減ったりしやすくなる。病気や害虫の大流行がそれである。そのためにまた、新しい農薬が開発され、それを使うことで多様性はさらに低下することとなった。

少し端的に表現すると、いまの里にはこういう悪循環が起きている。いま、この悪循環を、里における「多様性喪失と不安定化のサイクル」と呼ぶことにする。

同じような悪循環は、里だけでなく身の回りの生活空間にも、いや人体内にも起きている。このサイクルを抜け出すにはどうすればよいか。

その妙薬はなかなか見つからないが、ひとつの手段は、むかしの暮らしにヒントを求めることであろう。農薬や化学肥料のなかった時代、人びとは土地を一定期間休ませる「あらし」という技術をもっていた。あらしは一種の休耕で、休耕することで土地を休ませ、休耕中に生えた植物体をすき込むことで肥料分を確保する。同時に、休耕中の土地に生える植物をさまざまな用途に利用する。また、地域全体でみれば、まさに多様な生物の共存の空間ができあがっている。

誤解がないように断っておくが、私は農業生産のあり方を数百年前に戻せといっているわけではない。農薬や化学肥料なしに数千年にわたって農業生産をつづけてこれた背景にある「多様性の具現化」を図ろうというのである。

複数の栽培植物を混ぜて植える「混作」や「間作」の方法、さらにローテーションを組んで行なう「輪作」などを組み合わせたり、ベストな組み合わせを探る研究を行なうなど、さまざまな知恵があるはずである。こうした工夫で、生産をさほど落とすことなく、かつ多様性を維持して里の安定を図る方策を考えることが、いま求められているように思われる。

■土地で採れたものを食べよう

食を環境とのかかわりでとらえるとき、いままでの多くの議論は人口と食料供給のアンバランス、つまり食料危機という視点でものを考えてきた。

たしかに食料の供給は世界人口の急激な増加には追いつかず、このままでは全人類が飢える日が来ることは、まずまちがいない。だから人類はあらゆる手立てをつくして食料の増産にあたるべきである。食料を無駄にしたり必要以上に食べたりすることは罪悪である。

　しかし、食料生産にかかわる問題がすべて飢餓の地域にあるのではない。いまの日本は、客観的には、食料を生産できる土地をもちながらそれを放棄し、食料を輸入するという、じつに不可解な行動をとっていることになる。これでは、いくら開発途上国での食料増産に貢献するといってみたところで何の説得力もない。

　ともかく、多様性を守るために、われわれはひとつの地域のなかにいろいろな作物を植え、それを食べるべきである。植える植物の種類は多いに越したことはない。できれば旬を考え、季節に応じた食材が出回るようなシステムを考えたい。

森に火をかけよう

「森に火をかけよう」などと書くと、環境の研究所にいる研究者がなんということをいうか、という非難を浴びそうだが、私はまじめに考えている。

　森を焼くな、というスローガンはかつてオーストラリアでもさかんに掲げられた。森を焼くなど、野蛮で無知な先住民のやることで、文明人はそんな野蛮行為はしないのだと白人社会はまじめに考えたのだそうだ。しかし森に火を放つ行為を禁じた結果、豪州の山火事はいっそうひどさを増すこととなった。その顛末は小山修三さんの『森と生きる』（山川出版社）にくわしいが、要するに先住民の山焼きは小火をもって大火を防ぐ式のもので、しかも焼くという刺激によって草木の新芽の発芽を促していた。

日本でもかつて人びとは火をコントロールして焼畑を行なったり入会地の草を維持していた。このことは近未来的には効率を下げ、生産の低下を招くように思われるが、長期的な立場から、生態系の維持を視野に入れた計算をしてみる値うちはあるように思われる。春先に土手に火を入れることで山菜の発芽を促すなど、豪州の先住民と同じような発想である。

最近、二酸化炭素削減やダイオキシン問題などで火の使用が極端なまでに制約を受けている。なかには条例によって校庭のとんど焼きや社寺の境内の落ち葉炊きが禁止されるケースまであるらしい。

いまの子どもの生活環境をみていると、条件が許すなら火に接する機会をもっと増やしてもよいと思う。家庭では電磁調理器、両親がタバコを吸わない、地域でもとんど焼きをしないなど、都会では実態としての火など見たこともないという子どもが多いと思われる。

いま日本列島では、里の生態系を完全に壊してしまいそうなくらい過疎化が進んでいる。少なくとも過疎地帯では、火の禁止は考え直し、適度の、コントロールされた焼畑のようなシステムを導入すべきだと思う。そうすることで、地域の生物多様性を守ることが必要である。

（上）焼畑の火入れ（ラオス・ルアンパバン）
（下）日本にも残る山焼き（京都・五山の送り火）

殺菌はやめよう

身の回りから、除菌、抗菌などと書かれたものを減らすことはできないだろうか。公共施設のトイレなどの除菌シートなどはともかく、家庭内にある除菌、抗菌グッズはだいぶ減らせるはずである。

ついでに書くと、最近はやりの消臭剤も問題であると私は思っている。もちろん、だれだって嫌なにおいは消したいと思う。だが、子どものころから無臭の環境に育ちつづけて、嗅覚という感覚はどう育つのだろうか。

嗅覚は、もともと、危険から体を守るための感覚のひとつだったはずである。嫌なにおいをかぐことで、ヒトは腐った食べ物、自分を攻撃するかもしれない微生物や動物を察知した。この感覚を鍛えないことが人間としての発達に、少なくともよい影響はおよぼさないであろう。

あるいは嗅覚は、アロマテラピーの例をみてもわかるように、心地よさ、安堵感などを与えてくれる「癒し」の感覚であるが、嗅覚の未発達は「癒し」を受けつけなくなるのではないか。私はそれを恐れている。

■感染症の対策をあやまるな

新型肺炎（ＳＡＲＳ）、鳥インフルエンザ、西ナイル熱など、いままで耳にすることさえなかった感染症のニュースがしばしば流れ、そのたびに関係機関は神経質になっている。感染症の対策を、といえば誰もが水際対策をしっかりすることだと考える。関係の機関はこぞって水際対策が大切だと訴える。それはそのとおりで、島国であるわが国では水際でのブロックはたしかに有効である。そして万一病原体が上陸しても、患者やキャリアを隔離することだけを考える。また予防接種や抗生物質などにより感染症をコントロールしようとする。

だが、いまの日本は、感染症という病気をコントロールするという考えが強すぎはしないだろうか。目に見えない微生物を相手にするのだから、隔離やコントロールには限界がある。

多様性維持の原則にたって考えるなら、人の集団にも多様性を持ち込むことは、作物や家畜同様に重要なことのはずである。予防接種にあたっては、予防接種する集団としない集団を設ける、などの試みをしてみてはどうだろう。たとえば学校での集団予防接種は、クラスの半数にだけ接種して他の半数には接種しないとか、あるいは集団を三等分し、それぞれちがう菌系に対するワクチンを接種する、など工夫の余地はあるはずである。

また、免疫を重視する観点からは、抗生物質を二次感染の予防に使うことはできるだけ避けるなどの取り組みが必要であろう。このことはたぶん、院内感染のもととなる抗生物質耐性菌をつくらないようにするためにも重要であろうと思われる。

ここに書いたような取組は医師の協力なしには不可能であろうが、社会をあげて考えるべきときが来ているように思われる。

おわりに――何が多様性を失わせたのか？

かつて「農学」という学問をやった私にとって、飽食の日本の農を語ることに多少の迷いがある。世界の多くの地域の人びとが飢えに苦しみ、飽食などとは無縁な世界に生きていることを知っているからである。じじつ農学の先生からは、私の研究は現実離れしているだの役に立たないだのと言われつづけてきた。

だが、それでは、飢えに苦しむ土地に飛び込み、その窮状をつぶさに伝え、現地の人びとのために技術を教えていれば、それでいいのだろうか。

ここに書いたように、いまの日本の食は飽食などといえたものではない。日本の多くの土地で、農業は、その基盤たる里の荒廃から生産の基盤を失い、存続の危機に瀕している。いまのままでは、日本の国土はほどなく生産性を失い、ますます多量の食を国外に依存しなければならなくなるだろう。自国の食事情の危機をほうっておいて他国の食を心配したところで、そんなものはだれにも支持されない。

私たちの身の回りから多様性を失わせたものは何であったか。上のように考えてくると、多様性を失わせた最大の要因は、私たちの内なる欲求、きれい、うまい、快適、などの追求にあるということができる。つまり快楽を求める人間の欲望そのものが多様性を失わせた最大の要因である。

だが、一様化がすすむことで体質がもろくなるのは人間の社会についても同じである。ひとつの社会のなかで、個々の構成員がその行動から規範、思想にいたるまで一様化することほど危険なことはない。そのことは人類の歴史を紐解けば、おのずと明らかなことである。私たちはいま、立ち止まって考え直すときにきているように思う。

◉参考文献

小山修三　二〇〇二『森と生きる』山川出版社。
藤田紘一郎　一九九九『笑うカイチュウ』講談社。

■執筆者紹介（執筆順）

中静　透（なかしずか　とおる）……………………………………………………第1章

東北大学大学院生命科学研究科　教授
専門：森林生態学
おもな著作：
『森のスケッチ』（東海大学出版会、2004年）
『モンスーンアジアの生物多様性』（分担執筆、岩波講座「地球環境学」、1998年）など

日高敏隆（ひだか　としたか）……………………………………………………第2章

＊編者紹介参照。

川本　芳（かわもと　よし）……………………………………………………第3章

京都大学霊長類研究所　准教授
専門：動物集団遺伝学
おもな著作：
『Variations in the Asian Macaques』（分担執筆、東海大学出版会、1996年）、
『霊長類学のすすめ』（分担執筆、丸善、2003年）など

内山純蔵（うちやま　じゅんぞう）……………………………………………………第4章

総合地球環境学研究所　准教授
専門：先史人類学
おもな著作：
『日本海／東アジアの地中海』（共編著、桂書房、2004年）など

佐藤洋一郎（さとう　よういちろう）……………………………………………………第5章

総合地球環境学研究所　副所長・教授
専門：植物遺伝学
おもな著作：
『稲の日本史』（角川書店、2002年）
『クスノキと日本人』（八坂書房、2004年）など

■編者紹介

日髙敏隆（ひだか　としたか）

京都大学　名誉教授、総合地球環境学研究所　名誉教授

専門：動物行動学

おもな著作：

『チョウはなぜ飛ぶか』（岩波書店、1998年）

『人間についての寓話』（平凡社ライブラリー、1994年）

『帰ってきたファーブル』（講談社学術文庫、2000年）

『春の数えかた』（新潮文庫、2005年）

『動物と人間の世界認識』（筑摩書房、2003年）など

地球研叢書　生物多様性はなぜ大切か？

2005年4月20日　初版第1刷発行
2010年11月14日　初版第7刷発行

編　者　日　髙　敏　隆

発行者　齊　藤　万　壽　子

〒606-8224 京都市左京区北白川京大農学部前
発行所　株式会社　昭　和　堂
振替口座　01060-5-9347
TEL (075)706-8818/FAX (075)706-8878
ホームページ http://www.kyoto-gakujutsu.co.jp/showado/

印刷　亜細亜印刷

ISBN 4-8122-0506-9